KB150258

Fashion Illustration

Fashion Illustration

Techniques and Concepts for Creating Fashion Designs

2판

패션 일러스트레이션

창의적인 패션 디자인을 위한 테크닉과 콘셉트

Misun Yum

염미선

교문사

머 리 말

INTRODUCTION

패션 일러스트레이션은 패션 디자이너로서 패션 실무뿐만 아니라 예술적 활동에서 자신의 독창적인 디자인 아이디어를 시각적으로 표현하는 데 반드시 필요한 분야이다. 패션 디자이너는 일러스트의 기본적인 규칙과 원리를 이해하고 반복되는 연습을 통해 전문적인 테크닉을 갖추어야 한다. 패션 산업이 발달하고 다양한 의상의 상품화가 진행되면서 패션 일러스트레이션은 심미적인 효과의 패션 이미지를 대중에게 전달할 수 있는 도구가 되었다. 이렇듯 패션 일러스트레이션은 의상 제작을 위한 목적뿐 아니라 하나의 예술작품으로서 광고의 기능을 가지고 다양한 방법으로 표현되고 있다.

따라서 이번 개정판에서는 기초 드로잉에서 패션 의상의 표현을 위한 체계적인 설명과 방법을 제시하였다. 먼저 패션 일러스트레이션의 기초 단계인 인체의 골격과 구조를 이해하며 이상적인 비례에 맞추어 패션 피겨(Figure)와 얼굴의 형태, 보디의 디테일을 그리는 방법에서 다양한 포즈의 응용까지 기초적인 지식을 통해 테마에 따른 일러스트레이션을 그릴 수 있도록 한다. 기본적인 패션 피겨가 완성되면 가먼트(Garment)를 피겨에 입히는 원리와 방법을 습득하고 보디의 움직임에 따른 옷의 형태와 디테일을 그리는 법을 연습할 수 있다. 반복적인 연습을 통해 다양한 포즈를 그릴 수 있는 테크닉을 익히고, 마커와 색연필을 이용하여 소재에 따른 질감을 표현하는 심화과정을 통해 다양한 기법을 응용한 스타일화를 완성하도록 한다. 책의 후반부에서는 패션 디자인을 하기 위한 여러 아이템별 도식화, 포토샵과 일러스트레이터를 이용한 디지털 패션 일러스트레이션 테크닉과 다양한 디자인 콘셉트에 따른 패션 일러스트레이션 작품들을 제시하였다.

패션 디자인에 필수적인 테크닉인 패션 일러스트레이션은 패션 산업에 있어서도 중요하며 많은 유명 디자이너들도 창작 표현 단계의 수단으로 자유롭게 자신만의 독창적인 디자인을 종이에 드로잉으로 표현해왔다. 그 원리와 방법을 터득하고 반복되는 연습을 통해 자신만의 스타일을 개발하여 디자인을 위한 시각적 표현 방식을 자유롭게 그릴 수 있도록 한다.
이 책을 통해 패션 디자인을 처음 시작하는 학생들에게 기초적인 테크닉과 자신만의 스타일을 만들 수 있는 기회가 되길 바라며 나아가 디자이너로서 독창적인 작품을 창작하는 도구로서의 패션 일러스트레이션을 그리는 데 자신감과 희망을 갖길 바란다.
매순간 떠오르는 아이디어와 열정으로 하나하나 작업하여 이 책을 감사함으로 출판할 수 있도록 도움을 주신 교문사, 유학 시절 새로운 방법을 가르쳐 주신 FIT 교수님, 그림의 디테일을 그대로 살려 책으로 나오게 해준 포토그래퍼, 그리고 많은 분께 다시 한번 진심으로 감사드린다.

2022년 8월
저자 염미선

차 례

CONTENTS

Chapter 3

렌더링 테크닉

Rendering Techniques

Chapter 4

실습

The Extras

준 비 물

ART SUPPLIES

- **연필** Pencil 스케치를 하기 위한 기본 재료로 B를 사용하도록 한다.
- **색연필** Colored Pencil 렌더링에 필요한 재료로 얼굴이나 헤어, 옷의 스티치나 디테일 등을 묘사하는 데 사용된다. 마커나 수채화와 같이 쓸 수 있다.
- **파스텔** Pastel 얼굴 표현이나 소프트한 패브릭 렌더링에 사용되며 부드러우면서 섀도효과를 줄 수 있다.
- **지우개** Eraser 렌더링을 하기 전에 연필선을 지워줌으로써 마커가 연필선과 번지지 않도록 사용하는 데 용이하다.
- **마커** Maker 다양한 컬러의 마커는 렌더링의 기본 베이스로 쓰인다. 기본적으로 얼굴이나 스킨에 사용하는 컬러, 헤어에 사용하는 컬러 및 그 밖의 여러 가지 색상들, warm and cool gray 컬러까지 다양하게 사용한다.
- **트레이싱지** Tracing Paper 뒤가 비치는 종이로 피겨를 수정할 때나 완성된 그림이 번지지 않도록 보호하는 데 사용한다.
- **마커지** Maker Paper 마커를 사용할 때 쓰는 종이로 앞과 뒷면을 잘 구별하여 사용해야 한다. 다음 장에 마커가 번지지 않도록 마커 패드(Maker Pad)를 이용해야 한다. 종이의 사이즈는 A3를 사용한다.

기타 Others

- **레퍼런스 수집** Reference File 기본적으로 패션 일러스트레이션에서 가장 중요한 것은 다양한 포즈와 의상 표현에 필요한 레퍼런스를 수집하며 이를 분석하여 그리는 연습을 하는 것이다. 다양한 피겨 동작과 자신만의 독특한 패션 피겨 캐릭터를 만들기 위해서는 다양한 포즈와 얼굴, 헤어스타일을 모으고 이를 그리면서 자신만의 스타일을 만들어야 한다. 또한 손과 발, 신발, 패브릭 표현을 위하여 패션 매거진에서 자료를 수집하고 이를 그리는 훈련을 해야 한다. 이 책에서 소개된 패션 일러스트레이션을 그리는 방법을 이해하고 패션 매거진의 패션 컬렉션에서 수집된 자료를 분석하여 이를 연습하면서 자신만의 스타일을 가진 일러스트레이션을 만들도록 한다.
- **패션 매거진** Fashion Magazine 패션 피겨와 패브릭 표현 연습뿐만 아니라 스토리를 가진 자신만의 일러스트레이션을 완성하기 위해서 패션 매거진에 사용된 패션 컬렉션 관련 광고나 이미지를 사용하도록 한다. 런웨이 사진이나 테마를 가진 패션 광고 이미지를 참고하여, 패션 피겨와 페이스를 디자인 테마에 맞추어 자신만의 스타일로 재구성하여 작업하도록 한다. 다양한 포즈나 스토리를 한 화면에 구성하여 믹스드 미디어(Mixed Midia)를 이용한 패션 일러스트레이션을 완성한다.

Chapter 1

드로잉 패션 피겨

Drawing Fashion Figures

이 장에서는 패션 일러스트레이션 피겨 완성에 필요한 인체 비율과 인체를 형성하고 있는 골격과 근육을 이해하고, 움직임에 따른 형태 변화를 연습하여 다양한 패션 포즈를 완성하도록 한다. 또한 패션 일러스트레이션에서 중요한 부분 중 하나인 얼굴과 헤어스타일 그리기를 연습하여 패션 이미지에 맞는 자신만의 얼굴을 만들 수 있도록 한다. 신체의 각 부분, 팔, 다리, 손, 발 등의 구조를 이해하고 묘사하는 방법도 익힌다.

패션 피겨 프로포션

Fashion Figure Proportion

10등신 그리기

가장 이상적인 인체의 비율은 8등신이다. 8등신이란 머리의 길이를 1로 기준하여, 머리부터 발끝까지의 길이가 머리의 8배가 되는 것이다. 패션 일러스트에서는 각자의 스타일에 따라 인체 비율을 9, 10, 11등신으로 정할 수 있다. 가장 이상적인 비율이 정해져 있는 것은 아니지만, 이 책에서는 10등신(10-Head Proportions)을 기준으로 한다.

- 동일한 간격으로 0에서 10까지 10등분하여 정확한 선을 그린다.
- 1등신을 기준으로 얼굴의 형태를 그려준다.
- 1½에 어깨선을 그린다.
- 2¼에 B.P가 지나가게 한다.
- 3¼에 허리 라인과 팔꿈치 라인을 그린다.
- 3½에 하이 힙(High Hip)이 위치하게 그린다.
- 4에 힙이 위치하게 그린다.
- 4½에 크로치(Crotch)가 위치한다.
- 5½에 손끝이 위치한다.
- 6½에 무릎을 그린다.
- 9¼에 발목을 그린다.
- 10은 발끝이 된다.

길이가 정해지면 피겨의 너비를 정한다.

- 어깨 너비는 머리 너비의 1½~1¾로 한다.
- 허리 너비는 머리 너비의 ¾로 한다.
- 힙 너비는 머리 너비의 1¼로 한다.

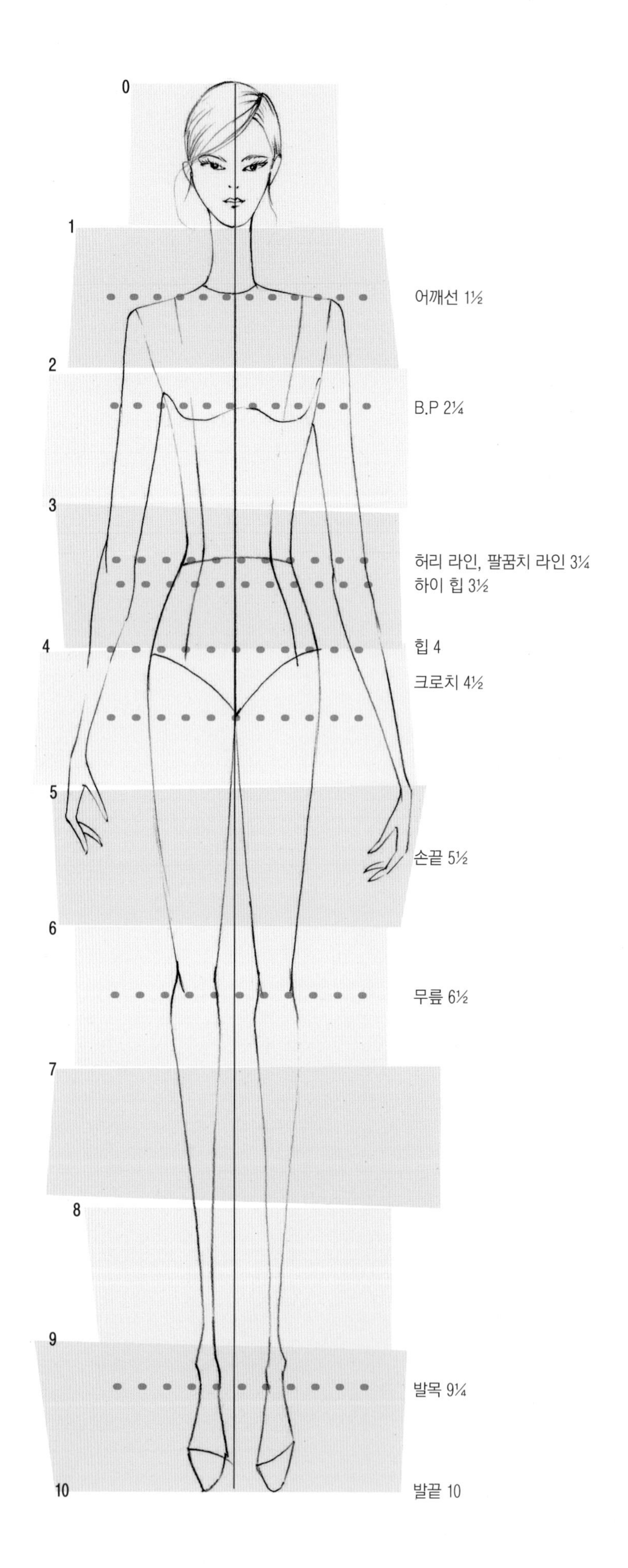

스타일 라인 그리기

스타일 라인(Style Line)은 피겨를 그리는 데 반드시 들어가야 하는 선으로, 보디 피겨의 균형과 옷을 디자인하는 데 있어 매우 중요한 기준선이 된다.

- 네크라인(Neckline)을 그리고 네크라인의 중심(N.P)에서 직각으로 선을 크로치까지 내려서 중심선(Center Front Line)을 그려준다.
- 허리 라인(Waistline)을 수평의 자연스러운 곡선으로 그려준다.
- 암홀 라인(Armhole Line)과 팬티 라인을 그려주며, 에이펙스(Apex)를 지나는 버스트라인(Bustline)을 그려준다.
- 어깨의 중심과 에이펙스와 허리 라인을 지나 힙라인(Hipline)까지 내려오도록 자연스러운 프린세스 라인(Princess Line)을 그려준다.

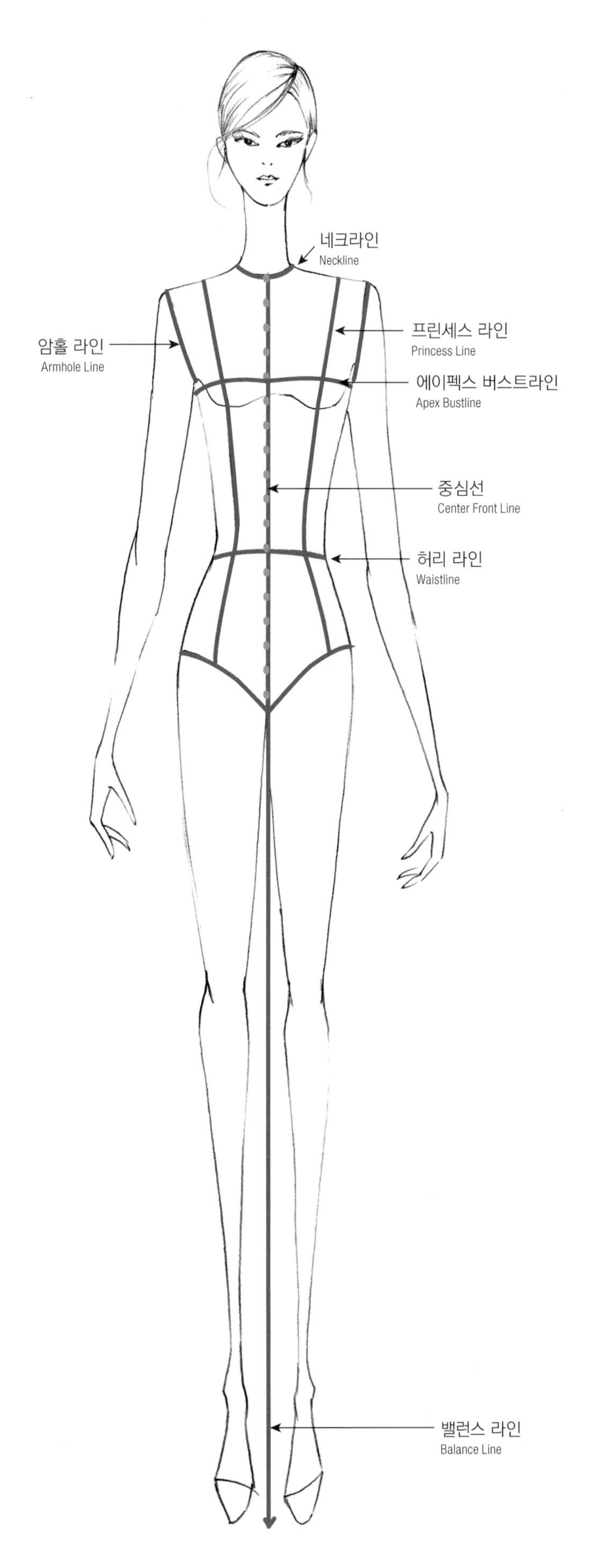

밸런스와 무브먼트

Balance and Movement

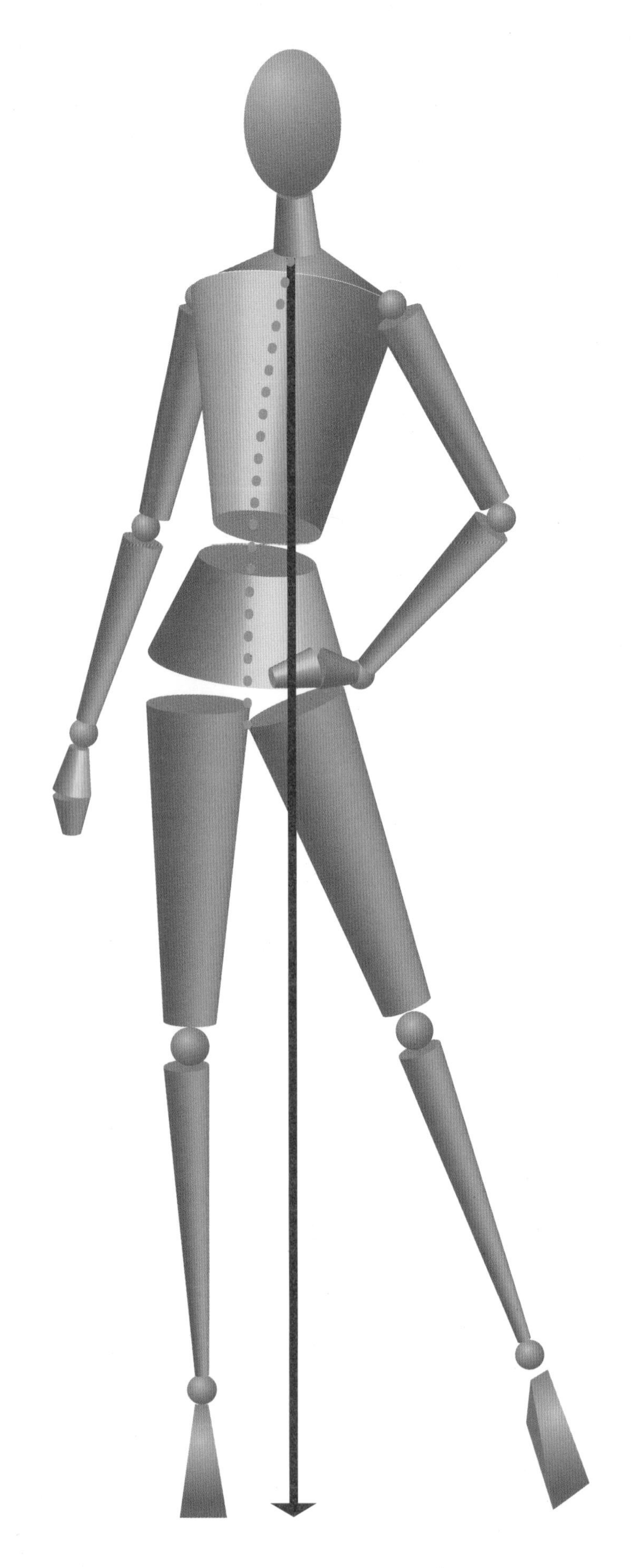

밸런스 라인

우리의 인체는 몸통과 지탱하는 다리, 팔, 머리 등으로 나누어져 있으며, 인체의 움직임에 따라 어깨선과 가슴선, 허리선, 골반선 등이 기울기를 가지게 된다.

이러한 인체의 움직임을 표현할 때는 네크라인의 중심인 네크 포인트(N.P)에서 발끝까지 수직의 직선을 그어 피겨의 균형선인 밸런스 라인(Balance Line)을 그려준다. 이 라인은 피겨가 균형 있게 서도록 지탱하는 중요한 선으로 정적이거나 동적인 자세에서는 반드시 그려준다.

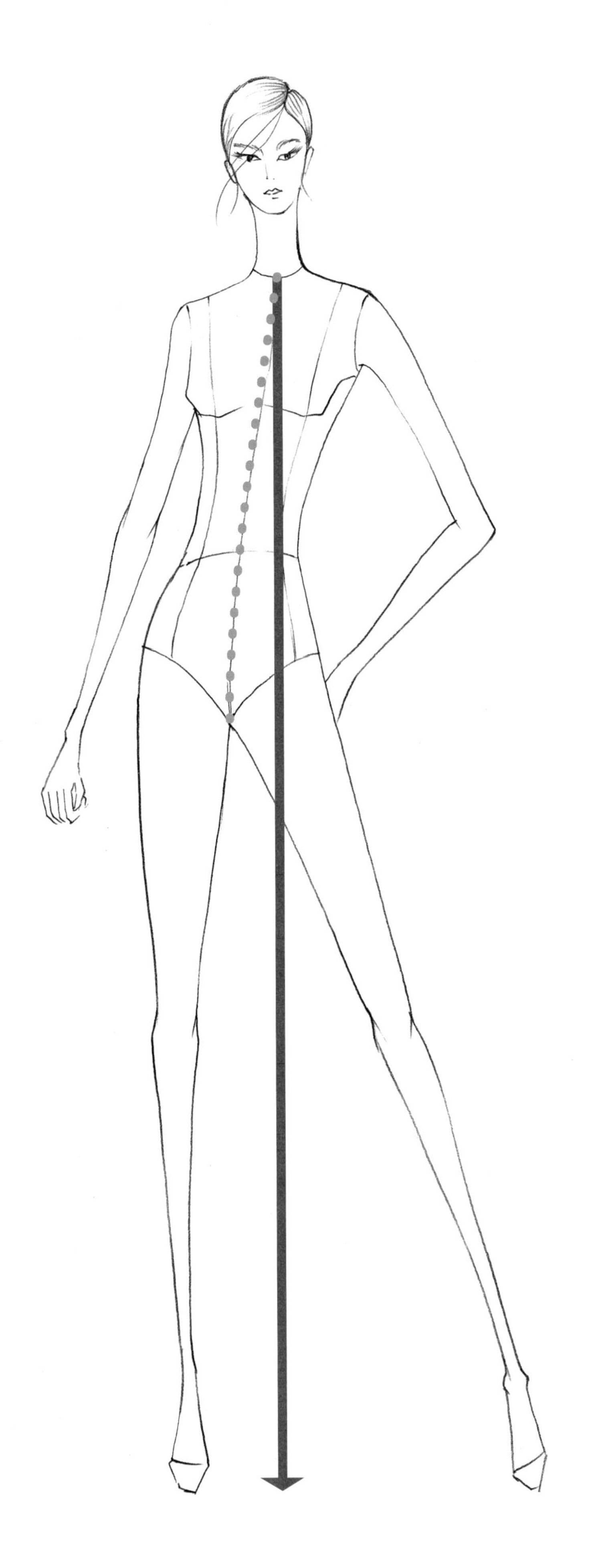

무브먼트 라인 그리기

인체의 다양한 움직임과 동작에 따라 무브먼트 라인(Movement Line)을 표시해준다. 이 라인은 피겨의 머리부터 다리까지 몸 전체의 움직임에 의한 흐름으로 포즈의 특성을 결정짓는다.

피겨 그리기

다양한 포즈의 Ref.images를 찾아 가이드라인을 표시한 후 피겨를 그려본다.

- 밸런스 라인(Balance Line)을 다음과 같이 빨간색으로 발끝까지 내려오도록 수직으로 그어준다.
- 어깨, 가슴, 허리, 힙 라인에 가이드라인을 각 기울기에 맞게 그려준다.
- 보디의 중심선을 점선으로 그려준다.
- 무릎과 발의 위치를 표시해준다.
- 그려진 가이드라인을 토대로 인체의 각 부분을 연결하여 스케치한다.

다음과 같은 블로킹 기법을 이용해 다양한 포즈를 연습해 본다.

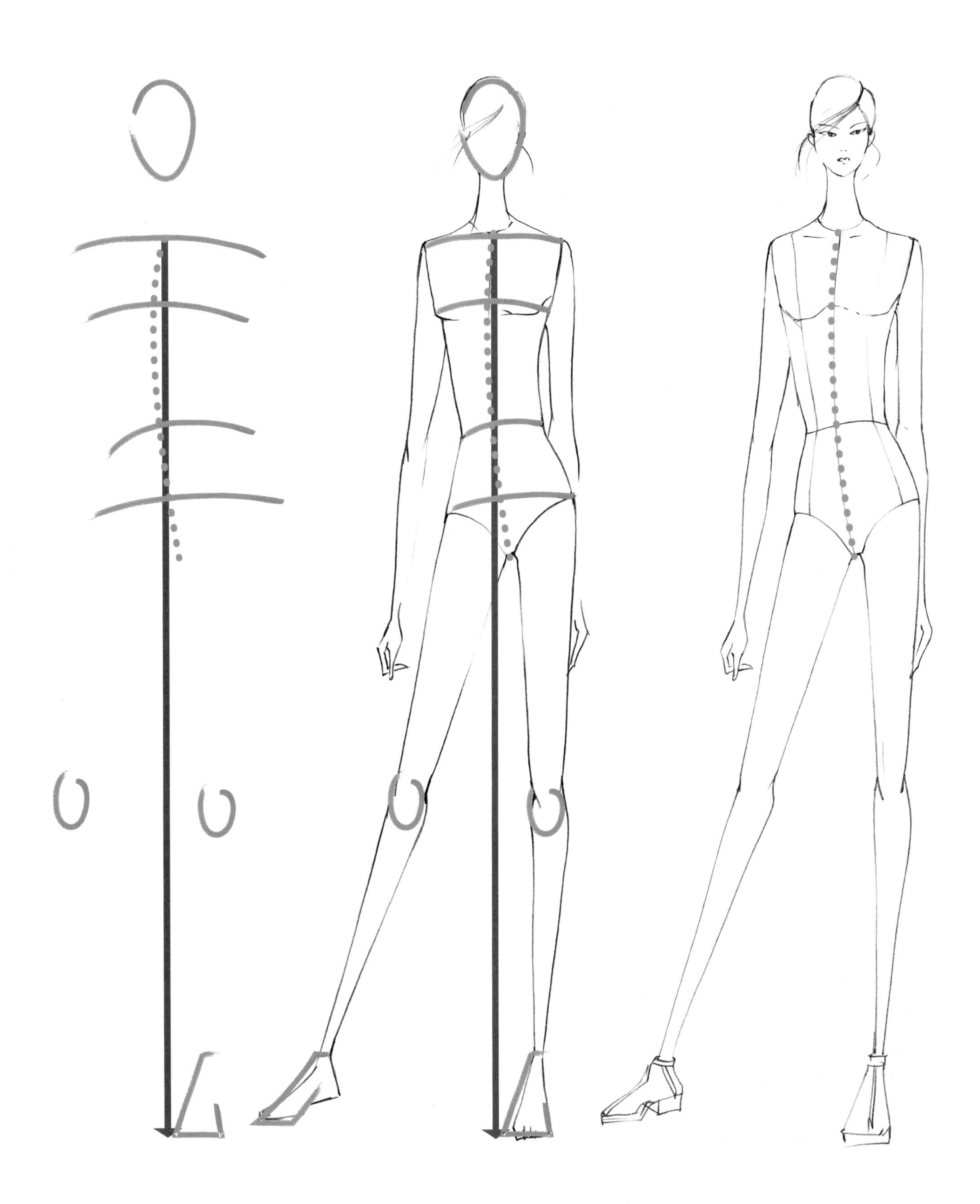

예제 2

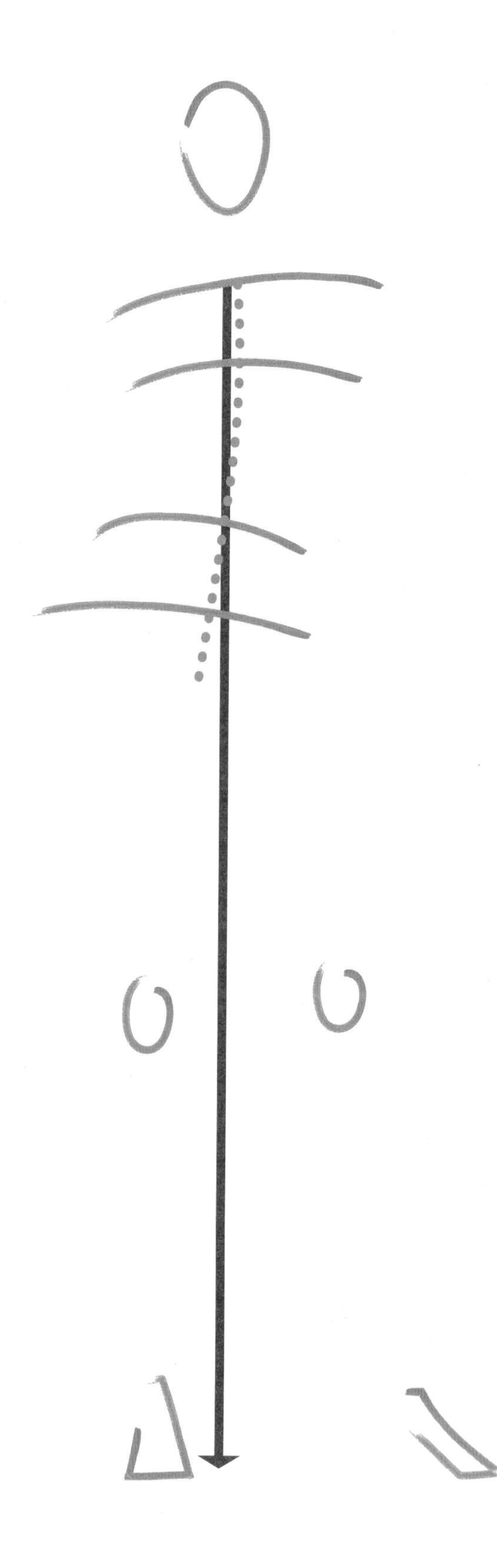

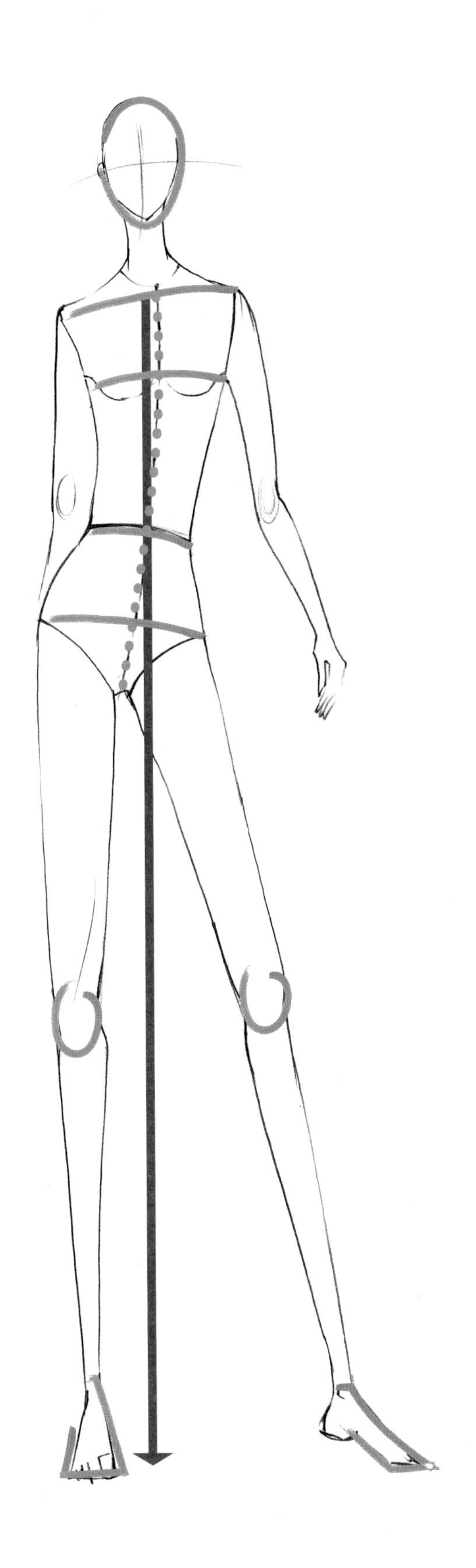

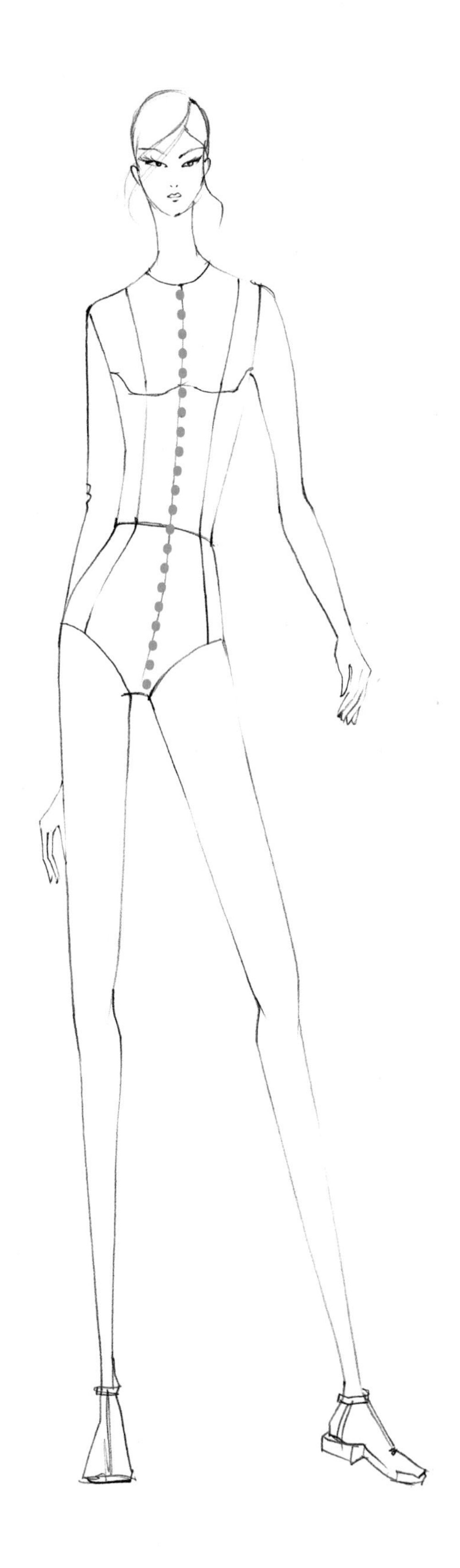

다양한 포즈

Diverse Poses

커팅과 트레이싱 방법

우리 인체는 원통형의 각 마디가 연결되어 있는 것과 같다. 따라서 움직임에 따른 포즈의 변화를 쉽게 이해하기 위해 각 마디를 중심으로 움직임을 표현하는 방법을 제시하고자 한다.

피겨의 목, 어깨, 팔꿈치, 허리, 다리, 무릎, 발목 등 각 마디를 커팅하여 인체의 움직임에 따라 재구성한 뒤 아웃라인을 트레이싱해보자.

이는 피겨의 움직임에 의한 우리 인체의 구조를 이해하고 다양한 포즈를 손쉽게 그릴 수 있는 방법 중 하나이다.

Ref.Image

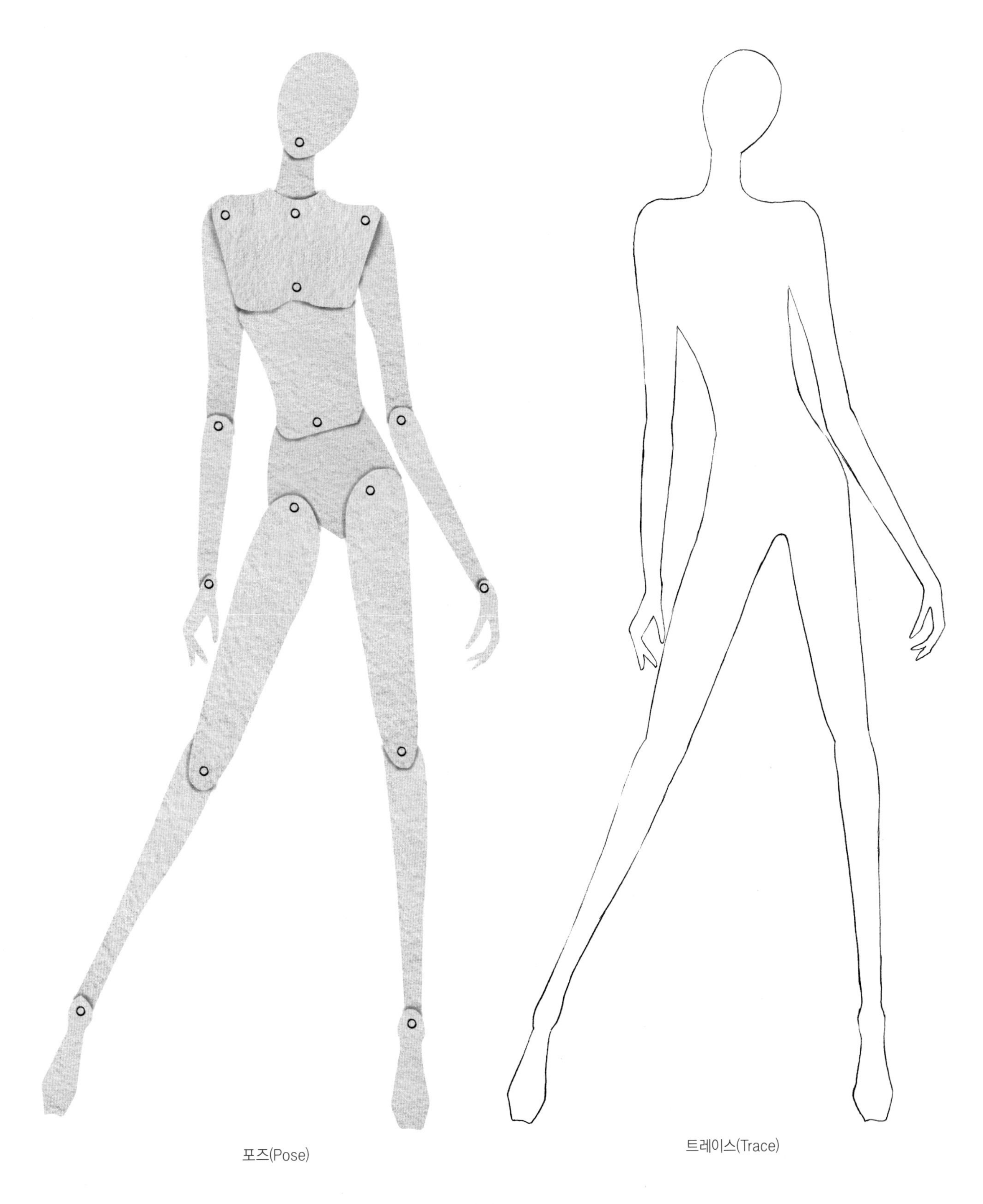

포즈(Pose)

트레이스(Trace)

예제 3

다양한 포즈 만들기

앞의 방법을 응용하여 다양한 포즈를 만들어본다.

- 캐주얼 웨어 포즈 3개
- 포멀 웨어 포즈 3개
- 이브닝 웨어 포즈 3개

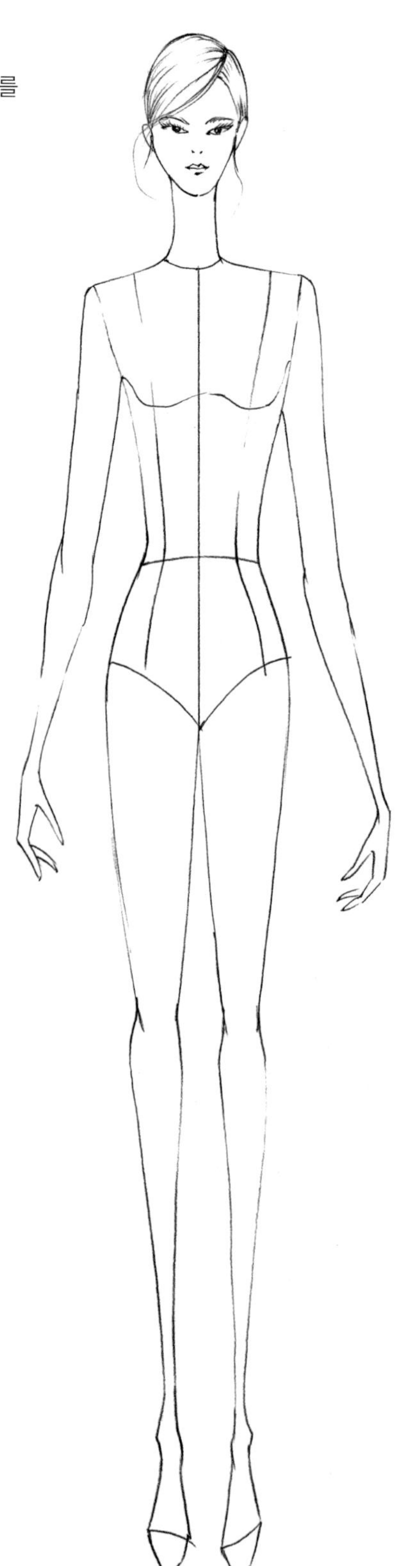

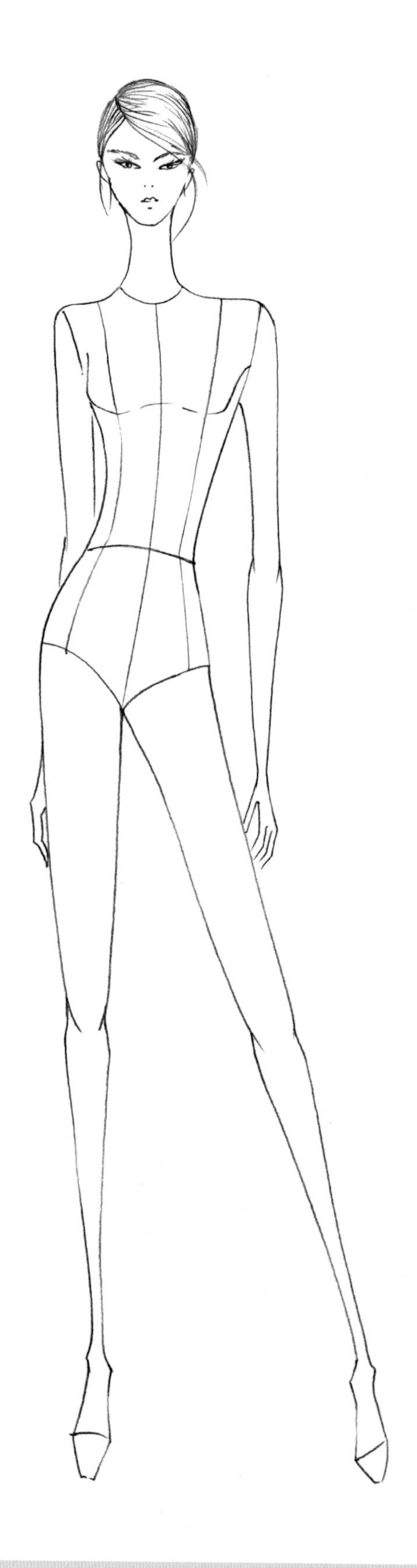

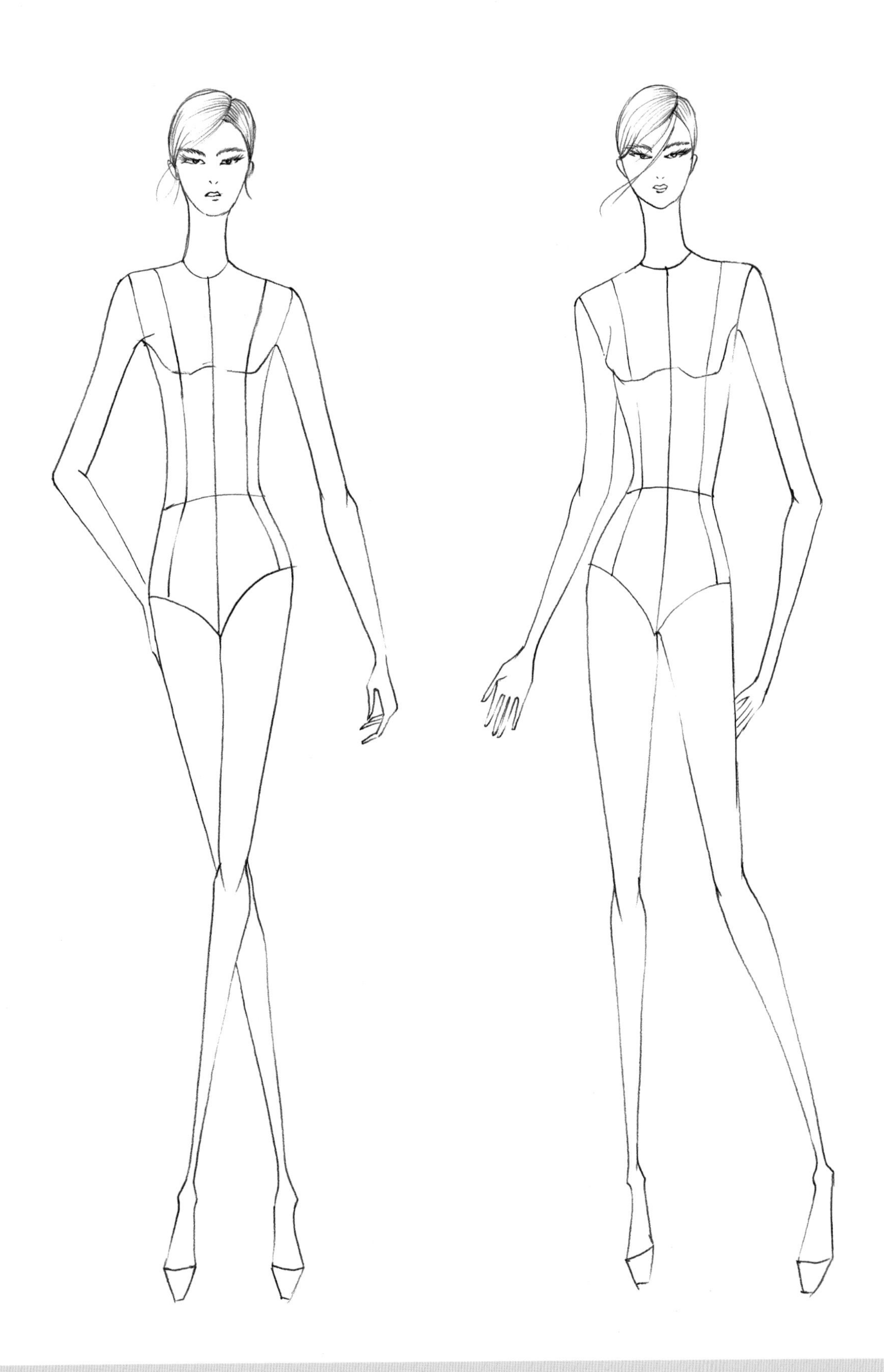

패션 페이스

The Fashion Face

패션 페이스 그리기

- 타원형의 얼굴 형태 외곽라인을 그려준다.
- 1/2이 되는 수평·수직선을 점선으로 그려준다.
- 수평선상에 눈을 그려준다. 이때 눈과 눈 사이에는 하나의 눈이 들어갈 정도의 간격이 남고, 눈 끝과 얼굴 끝에는 눈 반 개가 들어갈 정도의 간격이 남는다.
- 양쪽 눈의 끝부분과 턱 끝까지 사선으로 이어준다.
- 눈에서 턱까지 수평으로 이등분 선을 그어준다. 이 부분에 입술이 위치한다.
- 입술 끝부분이 눈가와 턱까지 잇는 사선에 맞닿아야 한다.
- 귀의 위치는 눈가와 입술 끝까지의 길이에 그려넣는다.
- 눈썹과 코의 위치를 잡아준다.
- 얼굴의 외곽라인을 정리해준다.

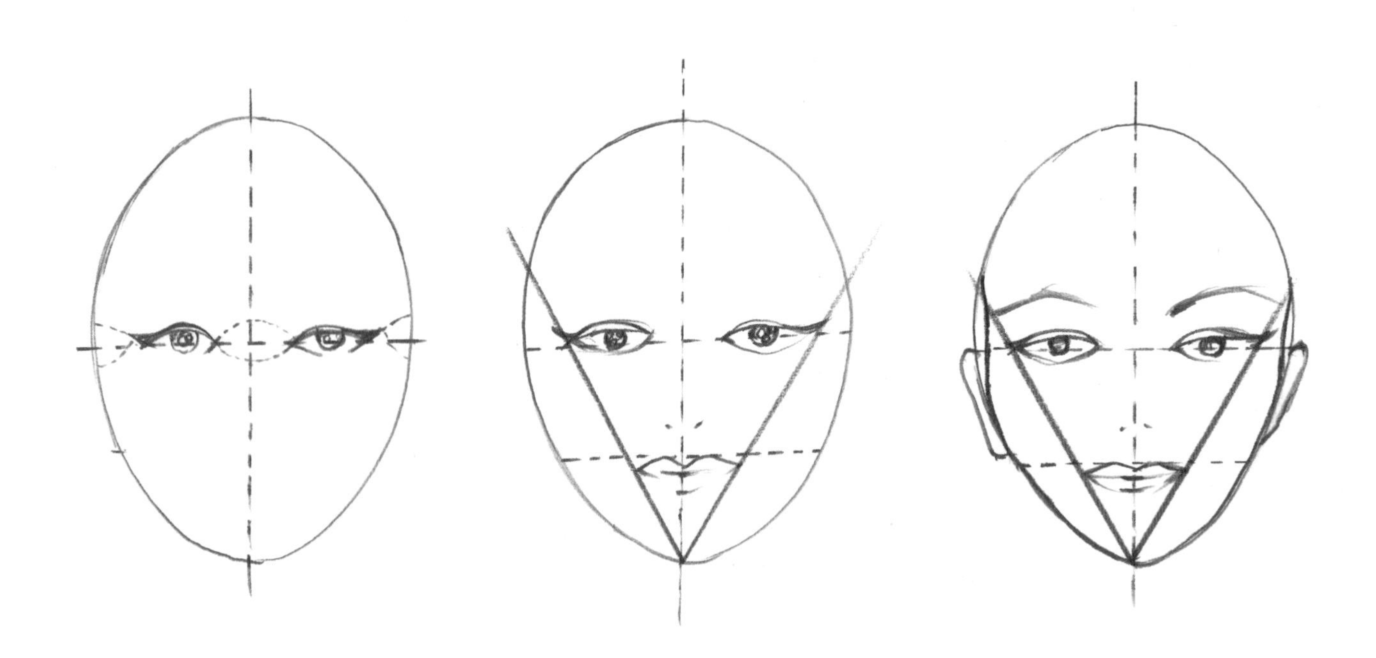

예제 4

다양한 각도의 페이스 그리기

- 프론트 뷰(Front View) 그리기
- 3/4 뷰(3/4 View) 그리기
- 프로필 뷰(Profile View) 그리기

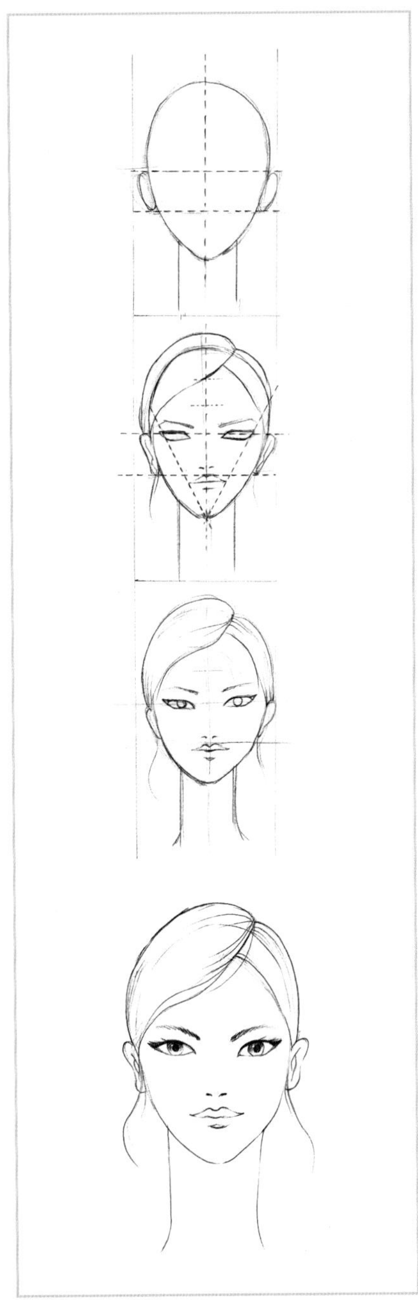

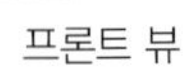

프론트 뷰

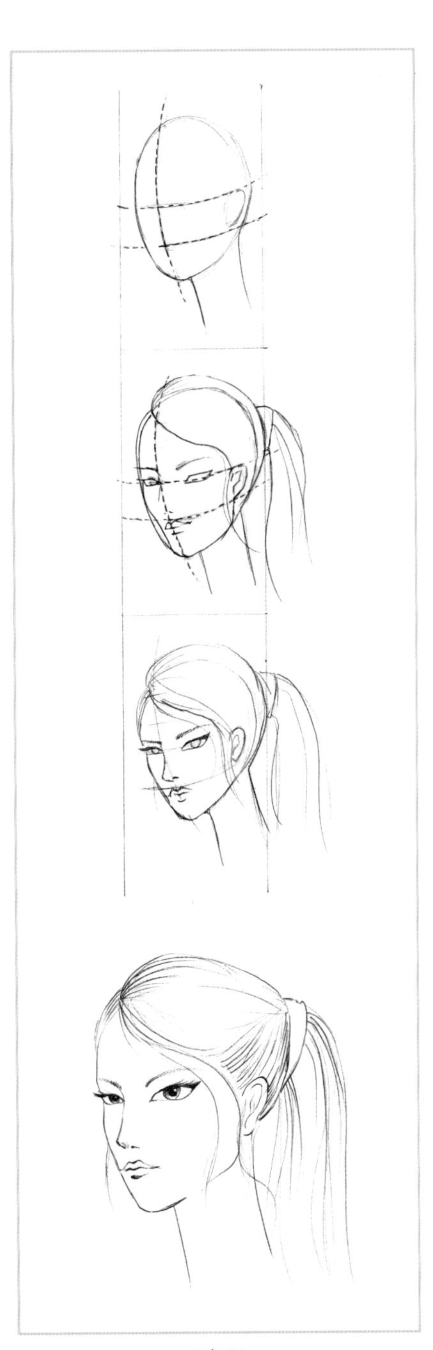

3/4 뷰

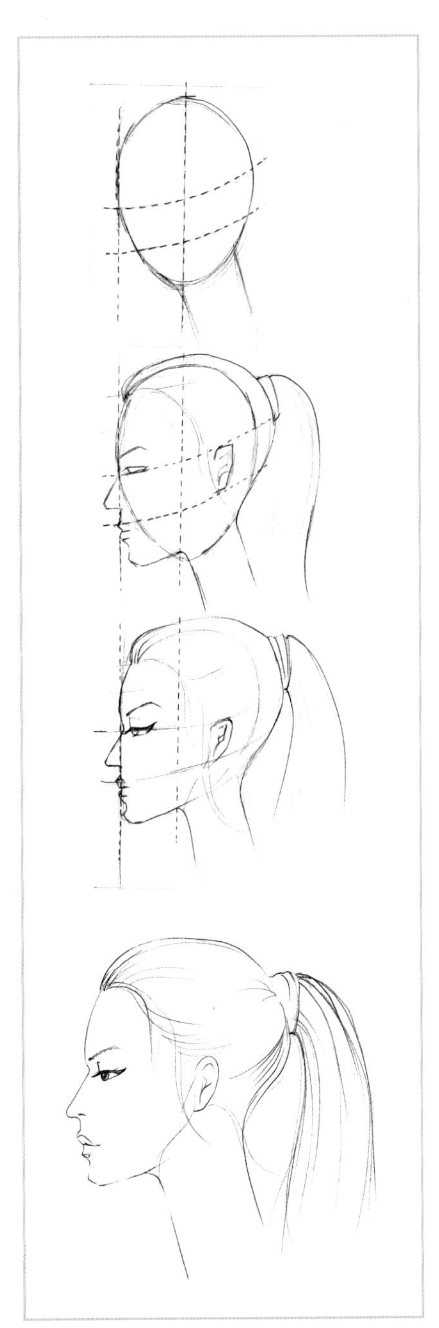

프로필 뷰

눈 표현하기

- 눈의 외곽 형태를 그려준다.
- 눈동자를 그릴 때는 눈 안에 풀 서클(Full Circle)이 모두 들어가도록 그리는 것이 아니라, 눈꺼풀에 눈동자의 1/3 정도가 가려지게 그려준다. 눈동자 안에는 하이라이트 부분을 남겨준다.
- 눈썹과 속눈썹은 털의 방향으로 선의 강약을 살려 자연스러운 라인으로 그려준다.
- 섀도는 눈머리와 눈꼬리 부분에 자연스럽게 넣어준다.

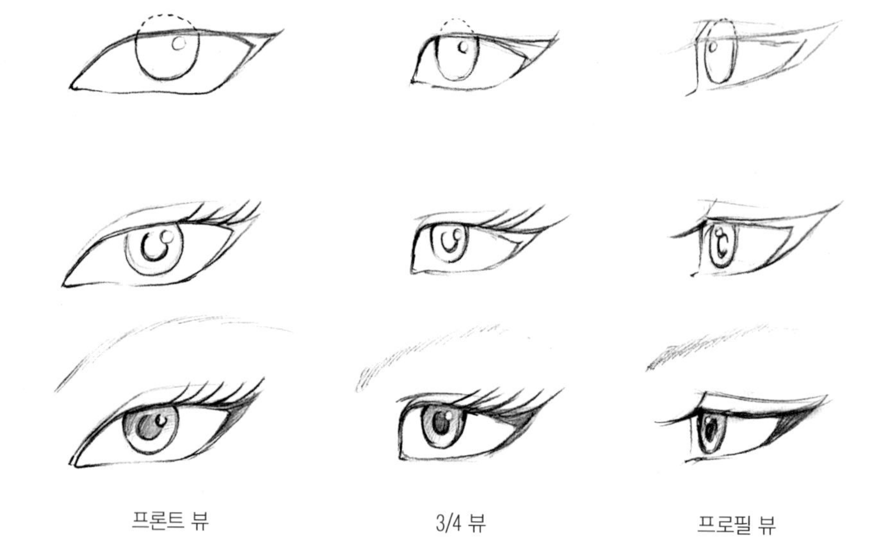

프론트 뷰 3/4 뷰 프로필 뷰

코 표현하기

- 3개의 원을 점선으로 그린다. 가운데 원을 가장 크게 그리고 양옆의 원은 그보다 작게 그려준다.
- 콧등에 생기는 그림자는 양쪽이 아닌 한쪽에만 음영으로 넣어준다.
- 콧구멍은 양쪽을 서로 연결하지 않고 자연스럽게 위치만 잡아준다.
- 콧볼은 양쪽으로 강조하여 그리지 않도록 주의하며, 그림자가 생기는 방향에만 강하지 않게 표현해준다.
- 코의 측면은 코끝과 콧망울을 그려 위치를 잡아주고 음영을 넣어 자연스럽게 완성한다.

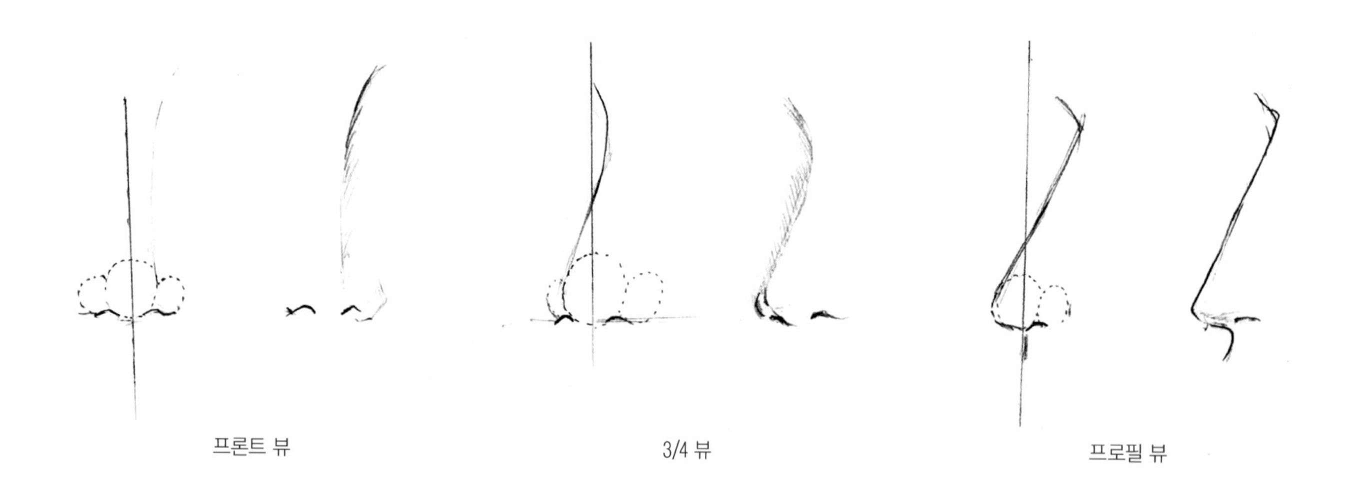

프론트 뷰 3/4 뷰 프로필 뷰

입술 표현하기

- 좌우대칭의 M자형 아웃라인을 연하게 그려준다. 입술의 외곽라인은 강조하지 않도록 주의한다.
- 입술은 평면이 아닌 곡으로 이루어져 있으므로 윗입술과 아랫입술이 만나는 부분을 가장 어두운 라인으로 표현한다.
- 웃을 때 드러나는 이는 그리지 않는다.
- 아랫입술과 윗입술에 볼륨감을 주어 음영을 표현한다.

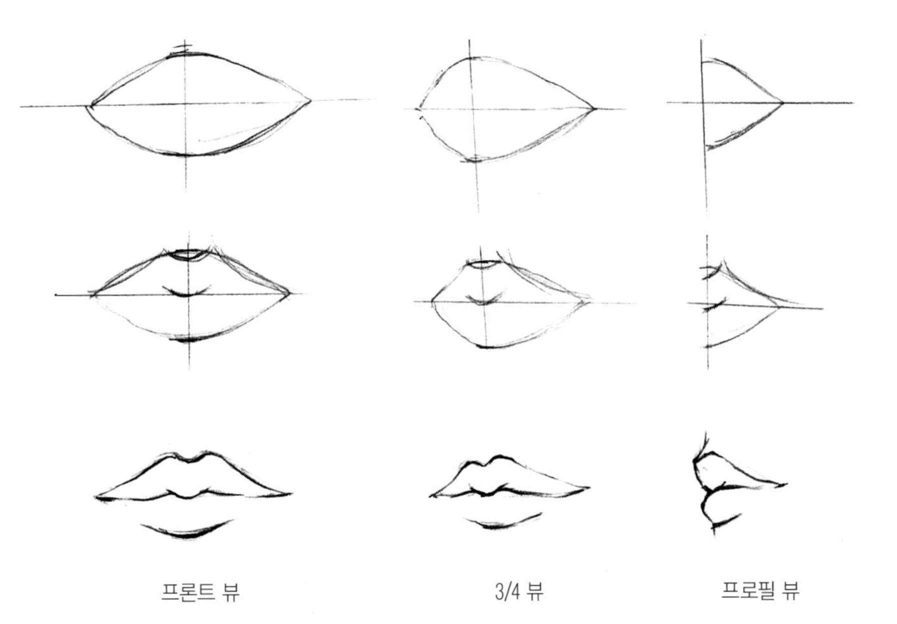

프론트 뷰 3/4 뷰 프로필 뷰

귀 표현하기

- 귀는 얼굴의 양쪽에 물음표 모양으로 외곽을 그려 표현하고 명암을 주어 입체적으로 보이게 한다.
- 귀의 길이는 눈가와 윗입술까지이다.

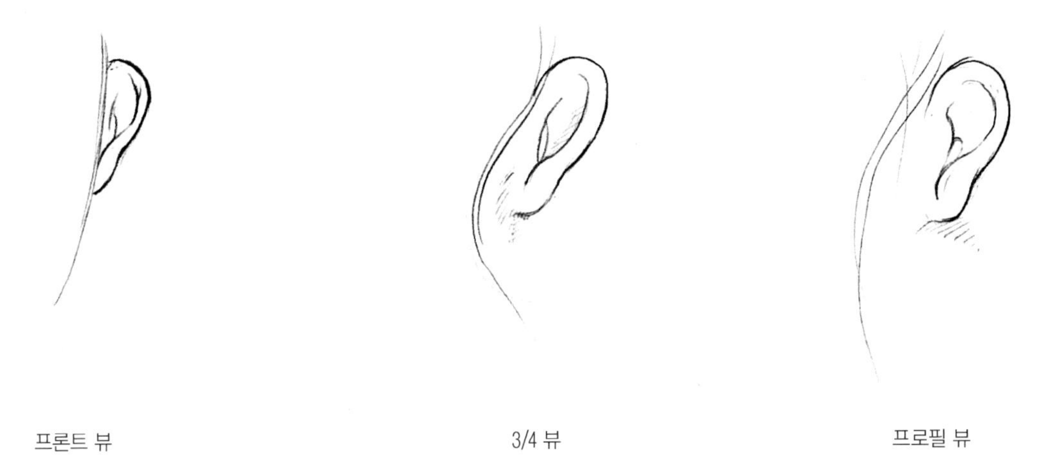

프론트 뷰 3/4 뷰 프로필 뷰

예제 5

페이스와 헤어스타일 그리기

페이스 그리는 법을 연습하고 다양한 형태의 페이스와 헤어스타일을 만들어본다.

얼굴 렌더링하기

1 마커, 색연필, 파스텔을 준비한다.

2 얼굴과 헤어를 연필로 연하게 스케치한다.

3 스킨 컬러 마커를 이용해 이마와 콧등에 하이라이트 부분을 남기고 색을 채워준다. 어두운 부분은 한 번 더 색을 채워 명암을 표현한다.

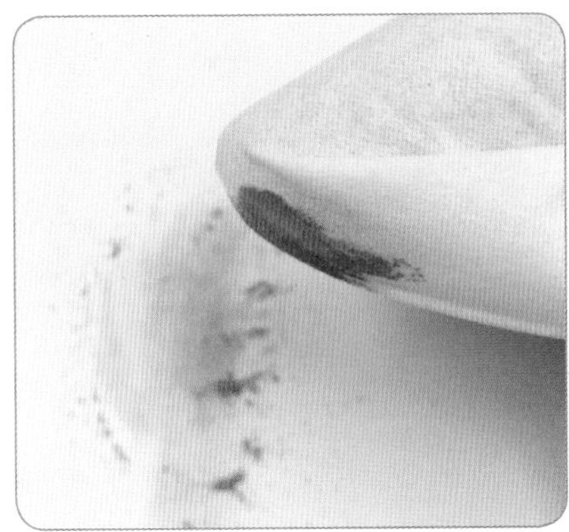

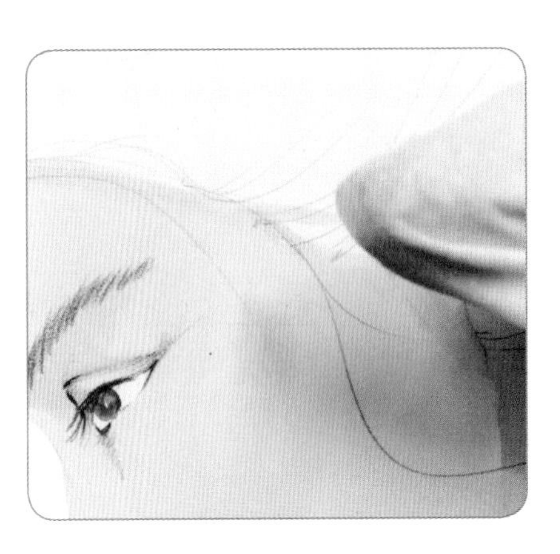

4 볼터치에 사용하는 파스텔은 다음 그림과 같은 방법을 이용하여 표현해준다.

5 눈동자는 마커를 이용해 색을 채워주고 하이라이트 부분은 남겨둔다. 속눈썹과 눈썹은 색연필을 이용해 자연스럽게 표현해준다. 입술은 색연필을 이용하여 하이라이트 부분을 남기고 윗입술과 아랫입술이 맞닿는 부분에 명암을 주어 볼륨감을 표현한다.

6 헤어는 마커를 이용하여 빛을 받는 하이라이트 부분을 남겨두고 색을 채운다. 마찬가지로 어두운 부분은 한 번 더 같은 색으로 색을 채워 볼륨감을 표현한다.

7 마커 베이스가 칠해지면 색연필을 이용하여 머릿결을 표현해준다. 마지막으로 어두운 부분은 마커로 한 번 더 블랜딩해준다.

팔, 다리, 손, 발

Arms, Legs, Hands, and Feet

팔 그리기

팔은 위팔(Upper Arm), 팔꿈치(Elbow), 아래팔(Lower Arm), 손(Hand)으로 나누어진다. 위팔은 어깨에서 자연스러운 곡선으로 내려오면서 평형이 되도록 그리고, 아래팔은 팔꿈치를 기점으로 바깥쪽으로 자연스럽게 곡을 이룬 모양으로 그려준다. 손목으로 갈수록 가늘게 그린다. 손이 허리에 놓이는 포즈에서는 아래팔의 안쪽은 곡을 이루게 하고, 바깥쪽은 플랫하게 그려준다.

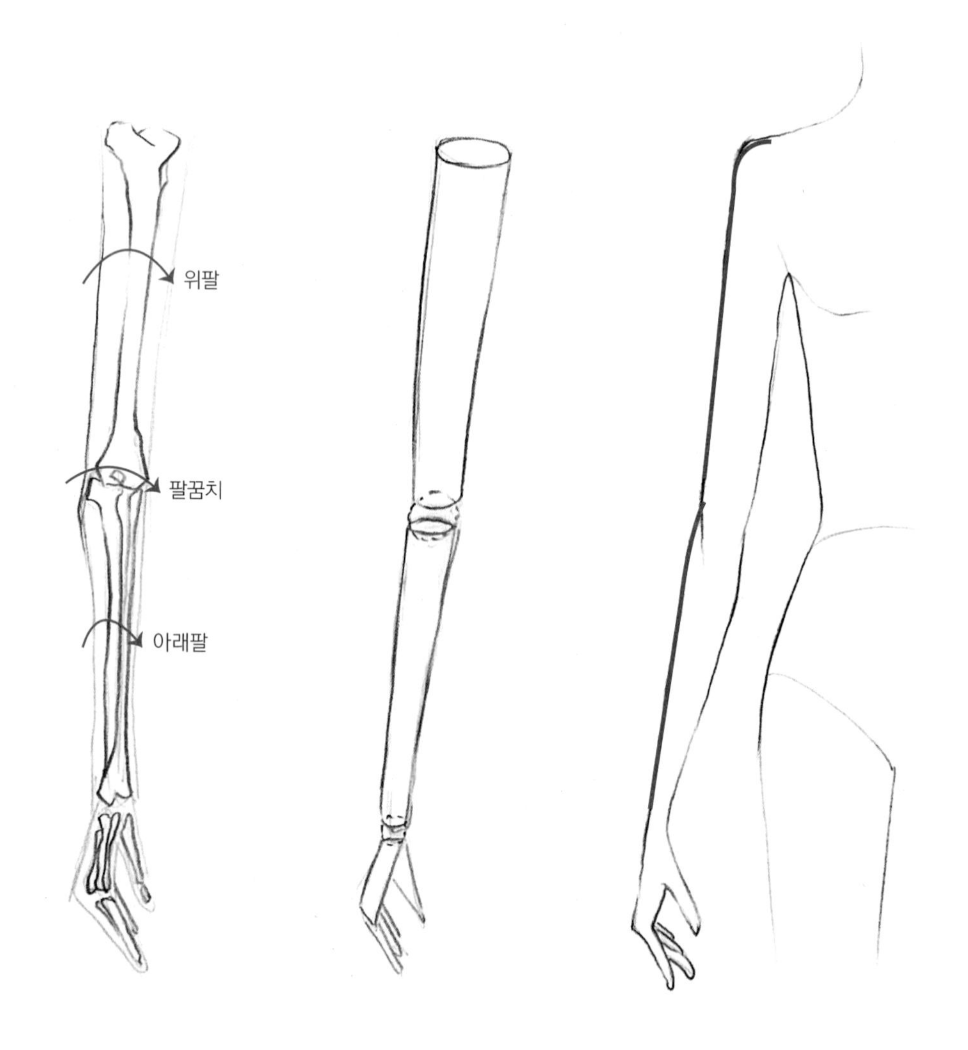

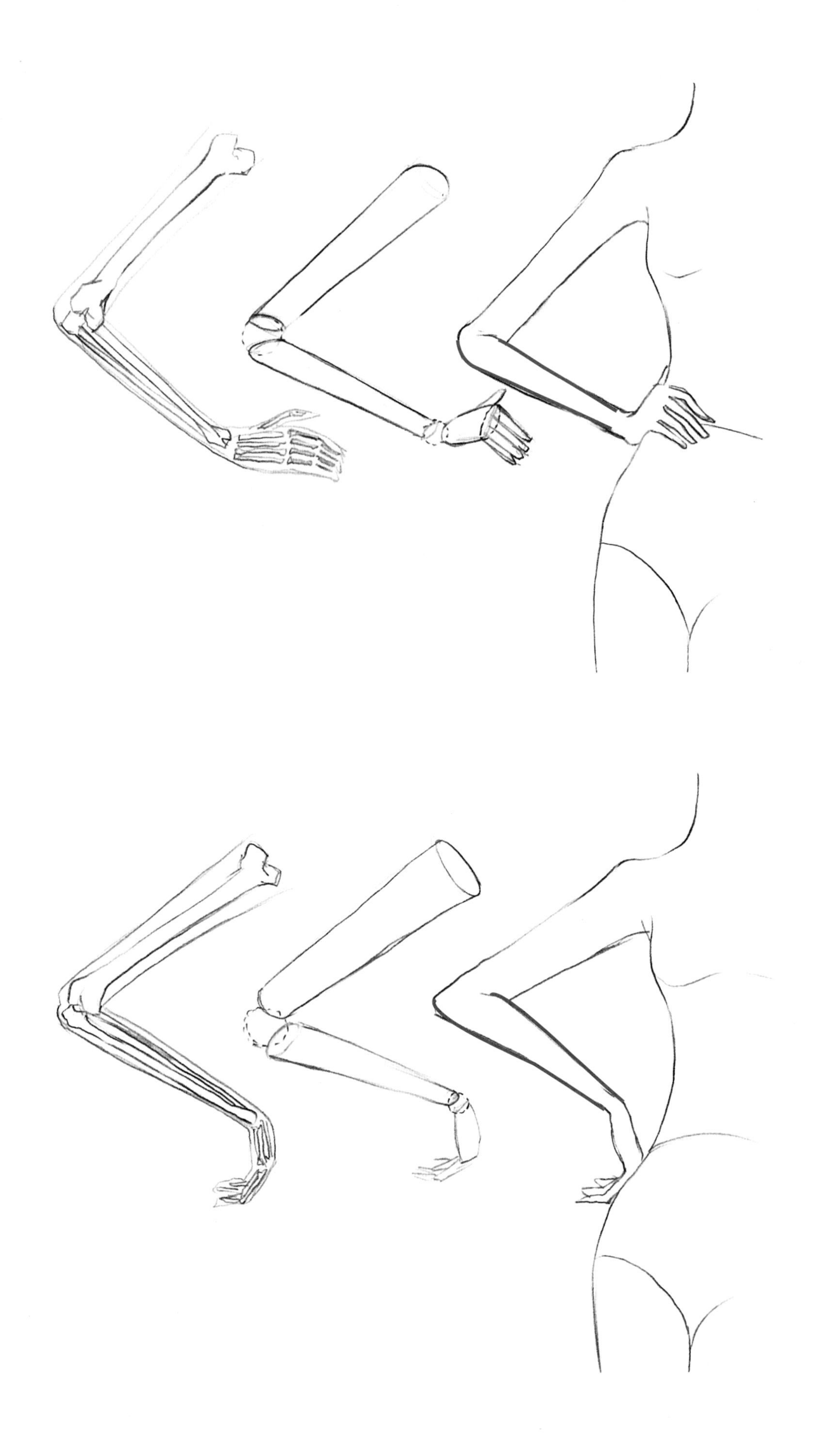

손 그리기

손은 손목에서 손등과 손가락, 엄지로 나누어진다. 손등과 손가락은 1 : 1 비율이며 손가락은 그림과 같이 다시 각각의 마디로 나누어진다.
손가락의 각 마디는 그 움직임에 따라 방향을 잡아서 그려준다. 패션 피겨에서 손가락은 가늘고 길게 과장해서 그려준다.

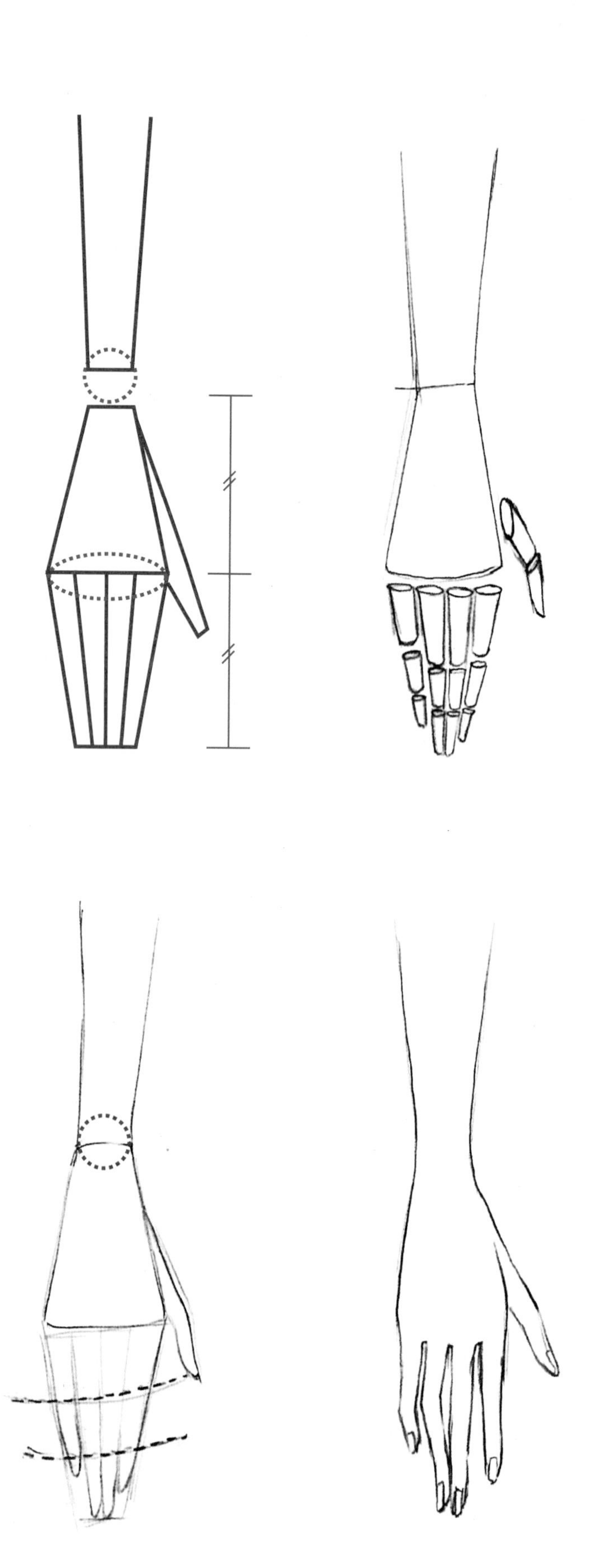

예제 6

손동작 연습하기

다양한 손동작을 연습한다.

다리 그리기

다리의 구조는 팔과 비슷하다. 다리는 허벅지(Upper Leg), 무릎(Knee), 종아리(Lower Leg), 발(Feet)로 나누어진다.
허벅지의 윗부분은 가장 넓고 무릎으로 내려올수록 가늘어진다. 패션 피겨에서는 근육의 구조를 이해한 후 다리를 과장해서 날씬하게 그린다.
무릎을 중심으로 종아리 안쪽은 바깥쪽으로 나간 자연스러운 곡선으로 시작하여 발목까지 직선으로 가늘어지게 그린다. 종아리 바깥 라인 역시 자연스러운 곡선에서 직선으로 발목과 이어지는데, 이때 발목을 가늘게 과장해서 그려준다.

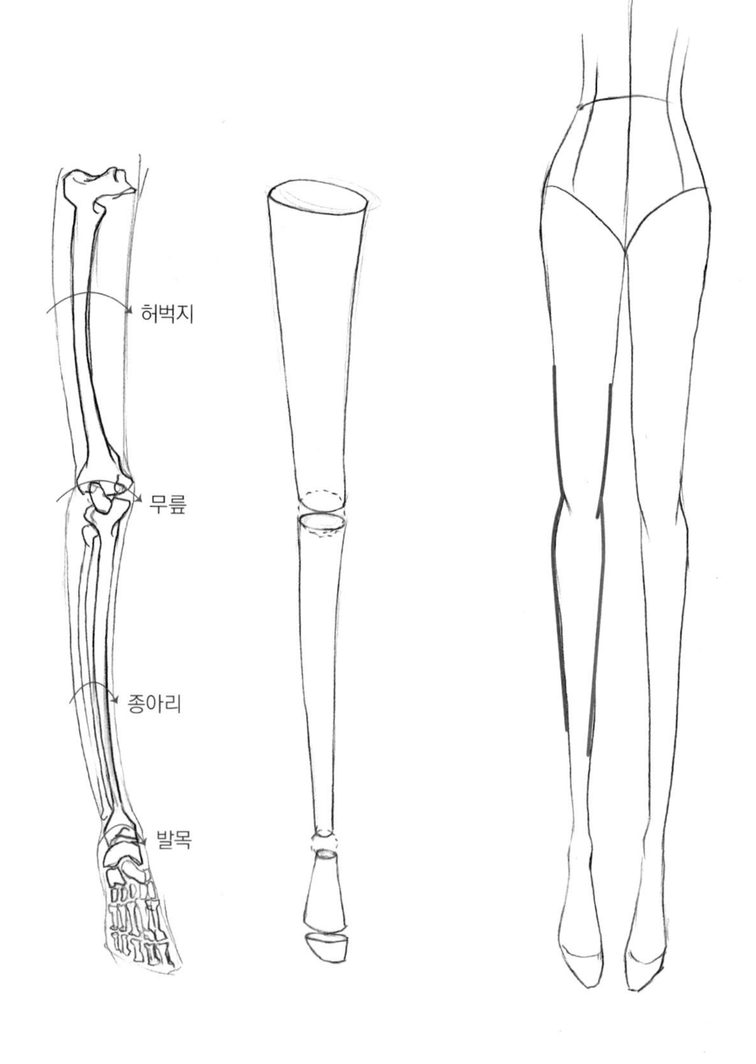

발 그리기

발은 패션 피겨의 손과 같이 가늘게 그린다. 따라서 그림과 같이 발목과 발등, 발가락으로 비례를 나누고 발가락을 그려준다. 발의 구조를 이해하고 그 위에 신발을 착장시키는 연습을 하도록 한다.

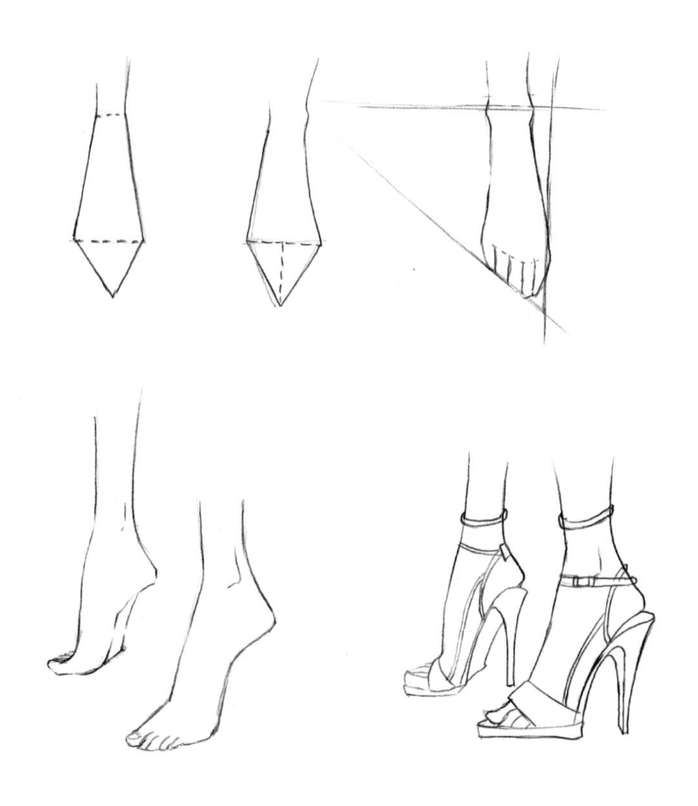

예제 7

발동작 연습하기

다양한 각도의 발 그리는 연습을 한다.

예제 8

신발 착장 모습 그리기

다양한 각도의 신발 착장 모습을 그려본다.

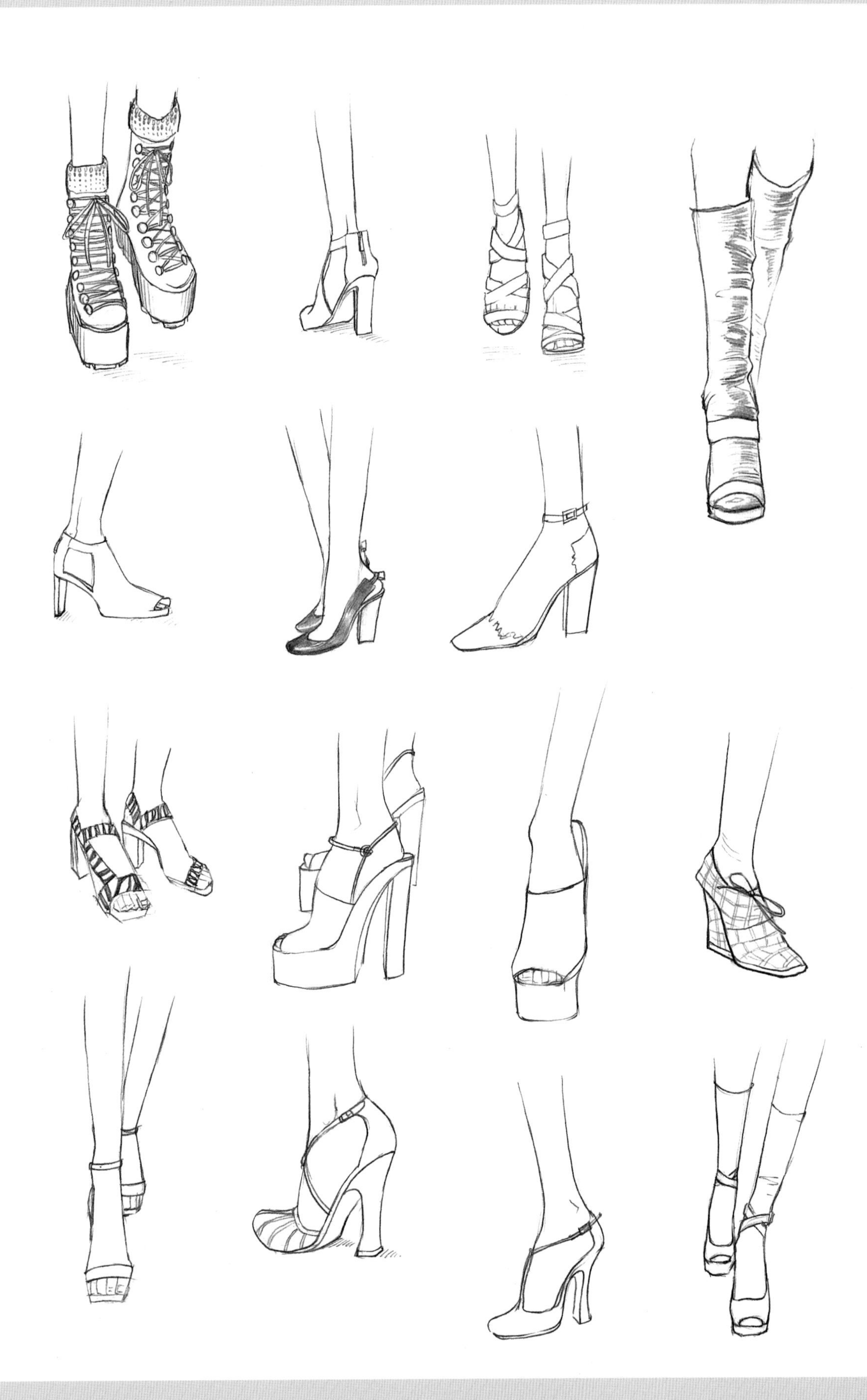

Chapter 2

의상의 디테일 및 착장 표현

Garment Details: How to Draw Garments on the Figure

이 장에서는 기본적인 옷의 세부 표현에 대한 이해를 돕고 이를 응용하여 도식화와 옷이 착장된 모습을 그리는 데 도움이 되고자 한다. 네크라인, 칼라, 슬리브의 다양한 형태를 이해하고 팬츠, 스커트, 재킷, 코트 등 여러 의상을 표현하는 방법을 이해하며 이를 그리는 연습을 해본다. 또한 만들어진 보디(Body) 포즈에 의상을 착장시켜본다.
착장 표현에서는 패브릭의 두께를 반드시 고려해야 하며, 인체의 움직임에 따른 주름 및 디테일 표현을 익히는 연습을 해야 한다.

네크라인 그리기

Drawing Neckline

패션 피겨에서는 인체가 곡선을 이룬다는 점을 기억해야 한다. 따라서 네크라인을 그릴 때는 목과 어깨와의 관계를 이해하고, 뒷목으로 넘어갈 때 앞보다 뒤가 더 높다는 것을 염두에 두어야 한다. 네크 포인트는 좌우대칭이 되어야 한다.

프론트 뷰(Front View), 3/4 뷰(3/4 View), 프로필 뷰(Profile View) 모두 네크 포인트(N.P)에 센터 점을 표시하고, 목둘레를 원통형의 모양으로 점선을 그리면서 어깨를 지나도록 입체적으로 자연스럽게 그려준다. 이러한 연습을 통해 다양한 종류와 형태의 네크라인을 익히도록 한다.

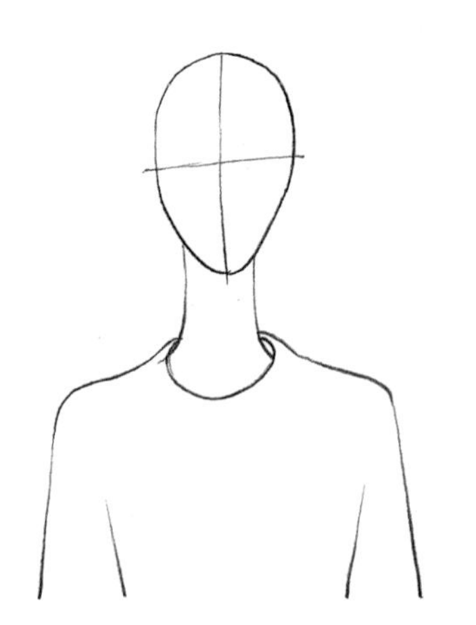

라운드·주얼 네크라인
Round or Jewel Neckline

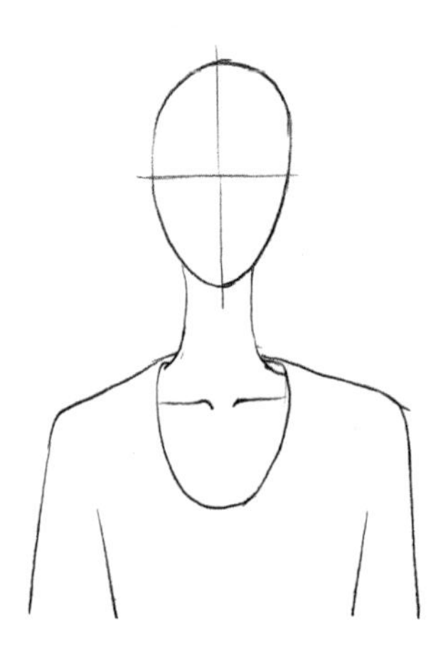

U자형 네크라인
U-shaped Neckline

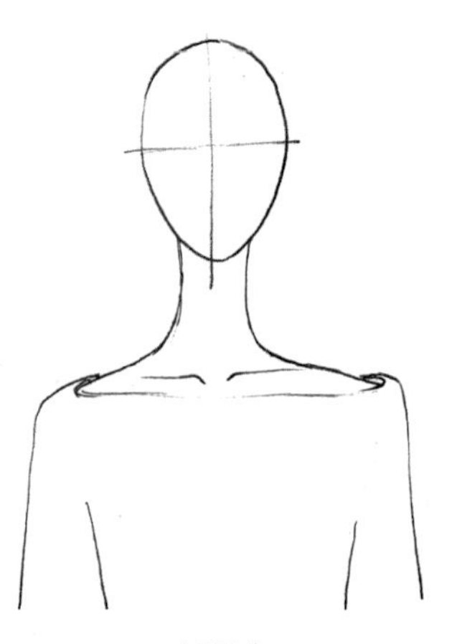

보트넥
Boat Neck

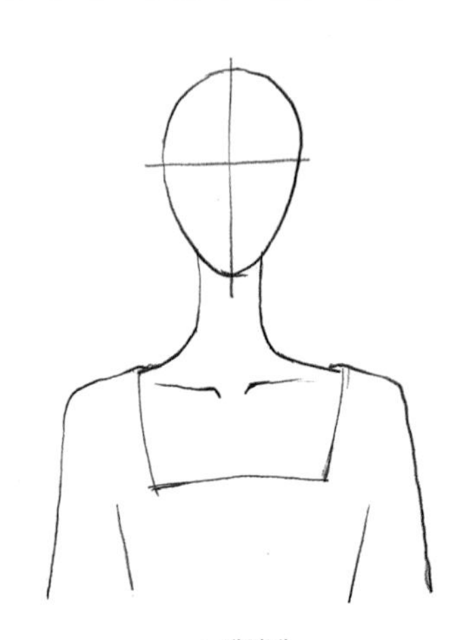

스퀘어넥
Square Neck

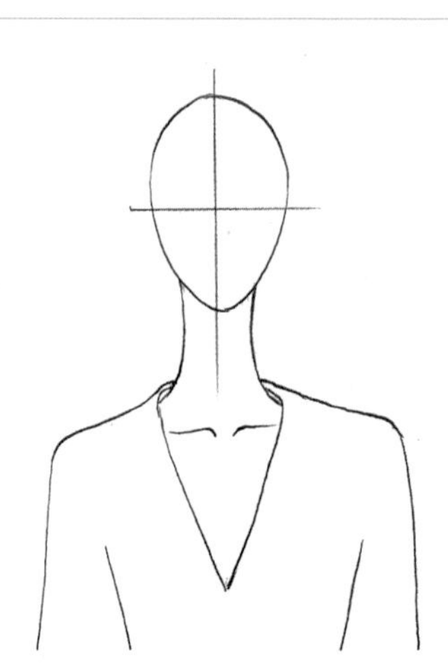

V넥
V-Neck

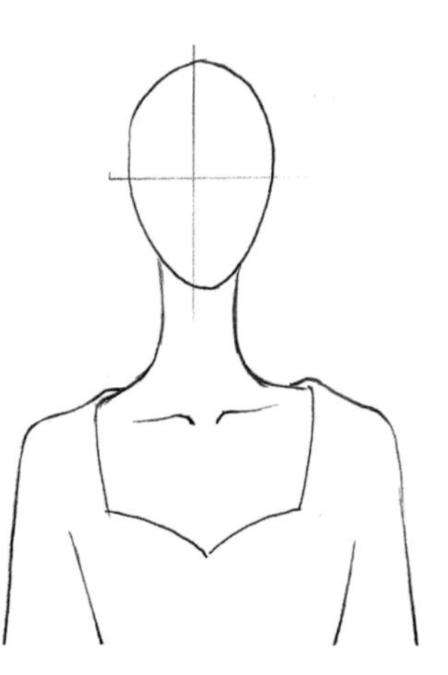

스위트하트 네크라인
Sweetheart Neckline

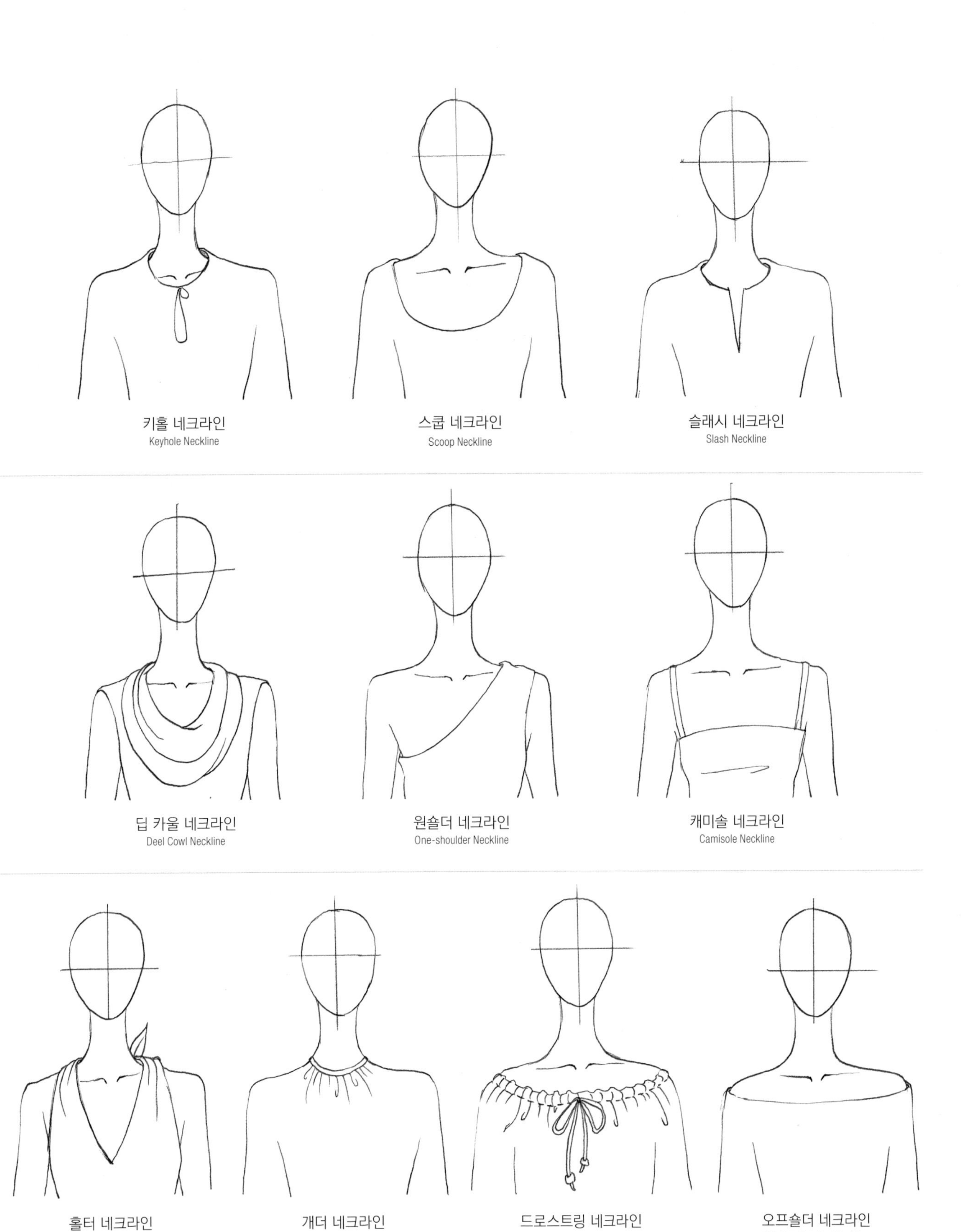

네크라인의 다양한 종류와 형태

칼라 그리기

Drawing Collar

칼라는 일반적으로 위 칼라, 심, 아래 칼라로 구성되어 있다. 자연스러운 칼라를 그리기 위해서는 칼라가 만들어지는 방법과 구조를 이해해야 한다. 위 칼라는 목에서 접히면서 롤 라인(Roll Line)을 만든다. 옆 목에서 어깨로 자연스럽게 떨어지면서 생기는 롤 라인은 패브릭의 두께에 따라 모양이 달라진다. 실크나 코튼, 타프타나 오간자 같은 얇은 패브릭의 경우, 그 형태가 낮고 작다. 예를 들어 울이나 트위드, 코듀로이, 모피 등 패브릭의 두께가 두꺼울수록 그 형태가 높아지며 롤 라인이 더욱 커진다. 여기서는 다양한 형태의 칼라를 그려보면서 자연스러운 칼라 그리는 법을 익히도록 한다.

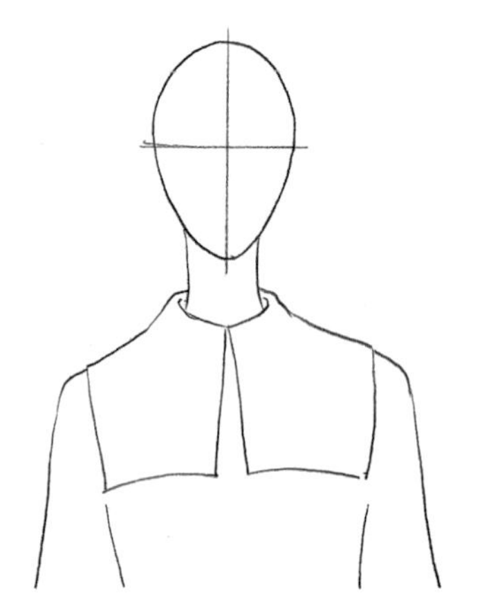

필그림 칼라
Pilgrim Collar

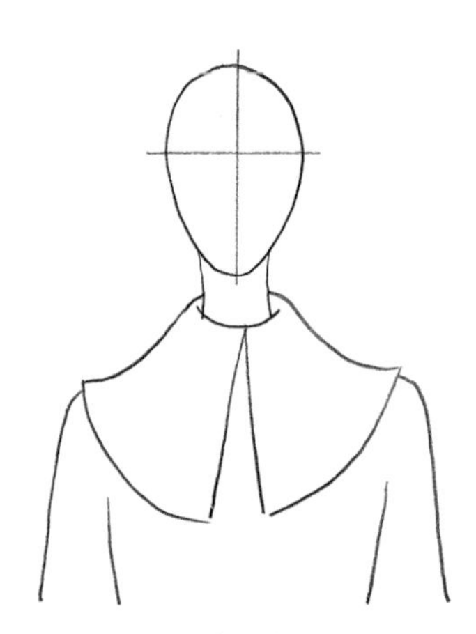

퓨리턴 칼라
Puritan Collar

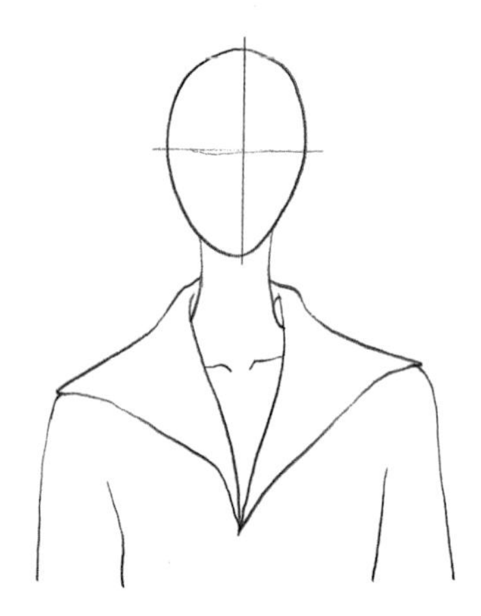

세일러 칼라
Sailor Collar

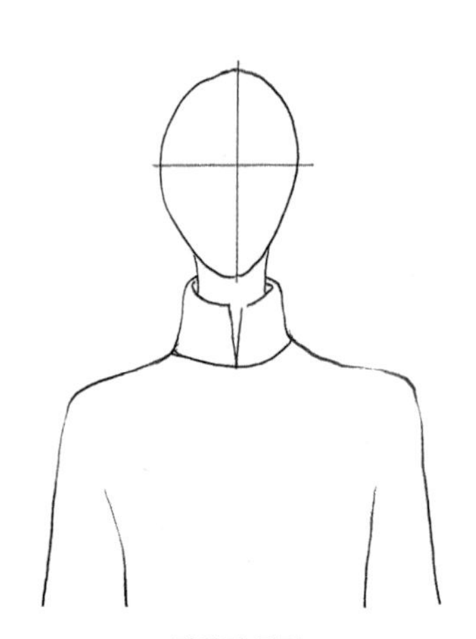

만다린 칼라
Mandarin Collar

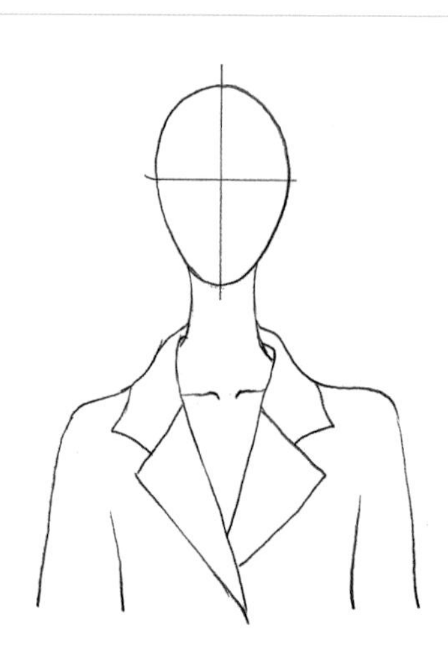

너치드 칼라
Notched Collar

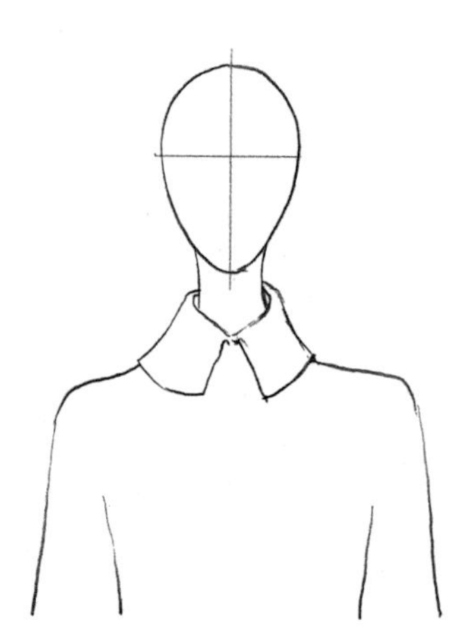

롤드 칼라
Rolled Collar

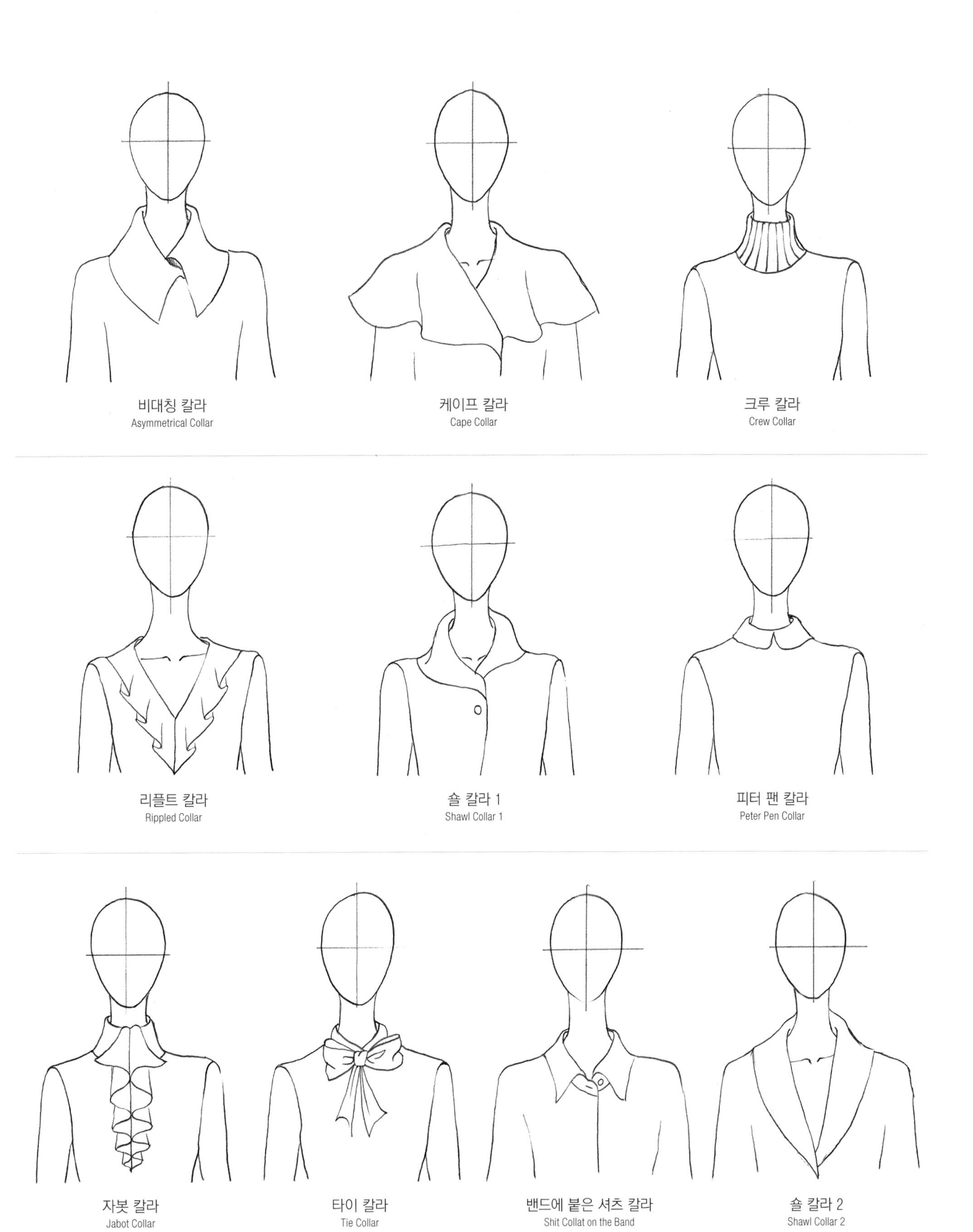

칼라의 다양한 종류와 형태

소매 그리기

Drawing Sleeves

소매를 그릴 때는 팔의 구조와 함께 팔이 굽혀졌을 때의 모양을 염두에 두어야 한다. 또한 패브릭의 두께에 따라 피겨와 의상 사이의 여유분을 생각하고 그려준다. 이때 어깨에서 팔꿈치, 손목으로 내려오는 원통형의 구조를 떠올리며 어깨에서 팔꿈치로 떨어질 때 관절에 생기는 주름을 자연스럽게 표현해야 한다. 또한 소매의 종류에 따라 암홀의 위치와 주름이 생기는 분량이 다르다는 것을 이해하고, 움직임에 따른 디테일한 주름 표현을 연습하도록 한다. 소매를 그릴 때는 우리 몸의 모든 구조가 원통 형태로 이루어져 있다는 것을 늘 기억해야 한다.

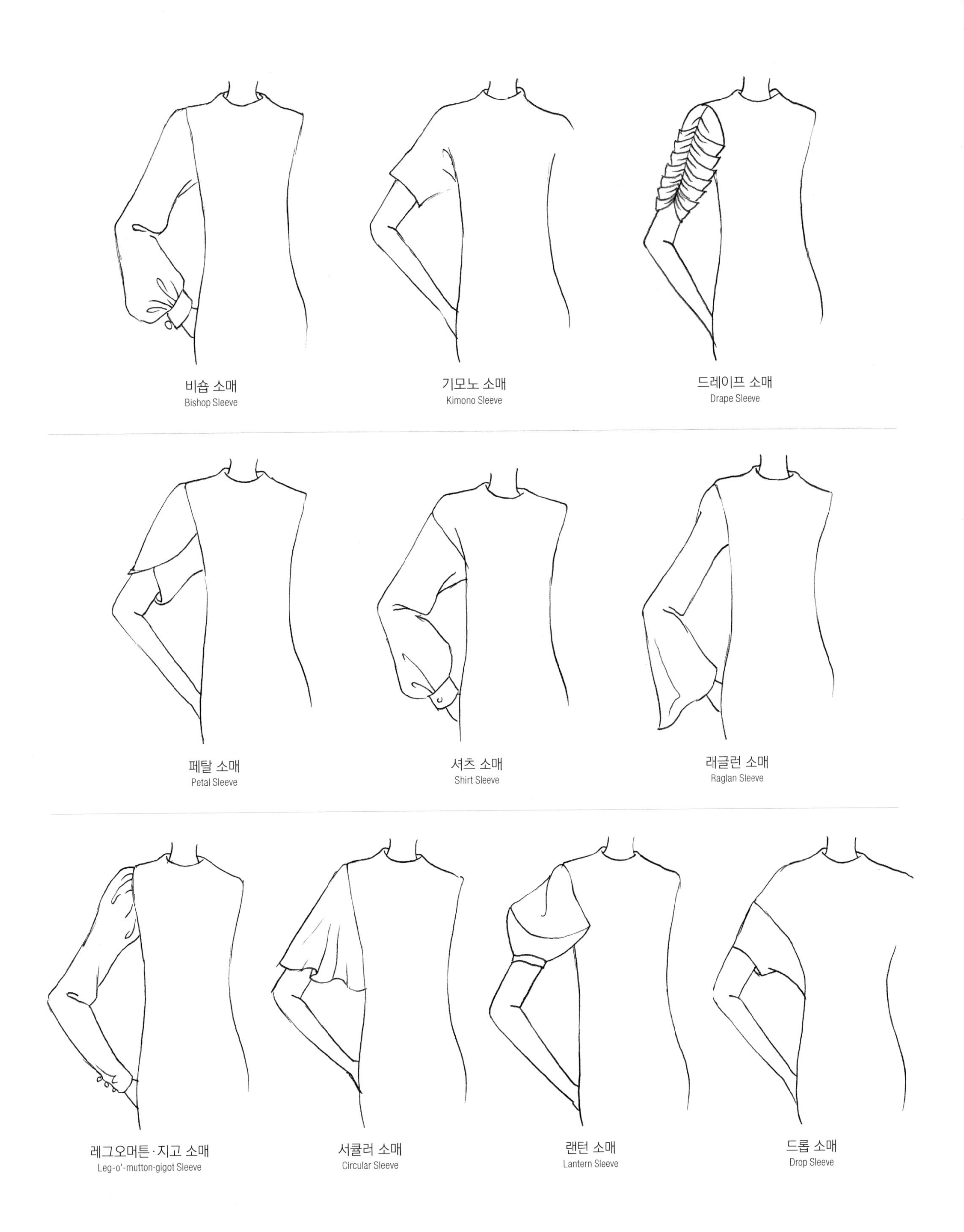

소매의 다양한 종류와 형태

팬츠 그리기

Drawing Pants

팬츠는 스타일과 길이에 따라 실루엣이 달라진다. 앞서 배웠듯 다리의 구조가 원통형의 위 무릎(Upper), 무릎(Knee), 아래 무릎(Lower), 발(Feet)로 이루어져 있다는 것을 기억하고 허리 라인과 힙 라인, 헴(Hem) 라인으로 이어지는 다양한 팬츠의 실루엣을 그리는 연습을 해본다.
팬츠는 몸의 움직임에 따라 어느 다리가 몸을 지탱하는지 분석하여 자연스러운 주름의 방향과 꺾임 표현을 해야 한다. 팬츠의 전체적인 실루엣이 완성되면 포켓이나 주름, 허리 밴드, 헴 라인, 커프스 등의 디테일을 표현하도록 한다.

카고 포켓 팬츠
Cargo Pocket Pants

테이퍼드 팬츠
Tapered Pants

벨보텀 팬츠
Bell-bottom Pants

스트레이트레그 팬츠
Straight-leg Pants

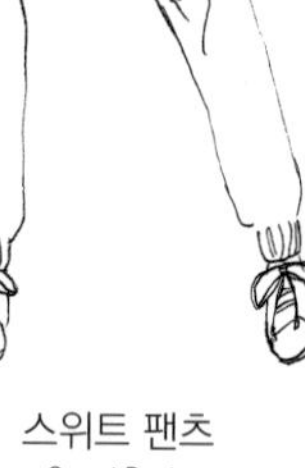

스위트 팬츠
Sweet Pants

세일러 팬츠
Sailor Pants

퀼로트
Culottes

가우초 팬츠
Gaucho Pants

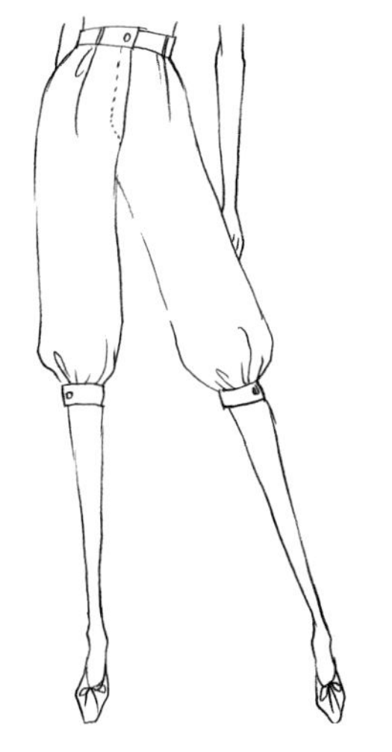

니커즈
Knickers

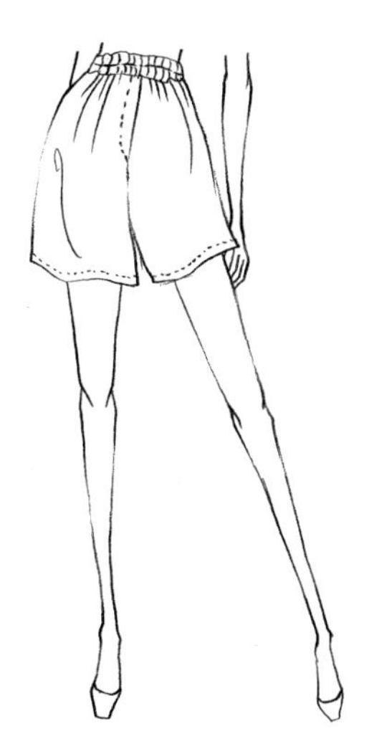

복서 쇼츠
Boxer Shorts

하렘 팬츠
Harem Pants

주아브 팬츠
Zouave Pants

페이퍼 백 웨이스트레그 팬츠
Paper bag Waistleg Pants

팔라초 팬츠
Palazo Pants

파자마 팬츠
Pajama Pants

진
Jeans

드레이프 팬츠
Drape Pants

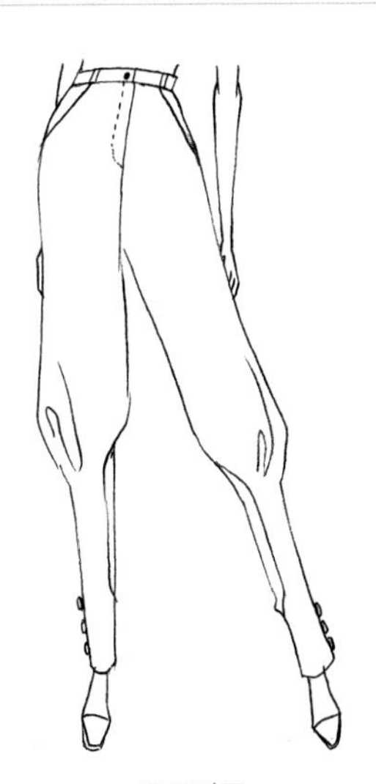

조드퍼즈
Jodhpurs

힙허거스
Hip-huggers

다양한 팬츠 실루엣

스커트 그리기
Drawing Skirt

스커트 역시 길이에 따라 실루엣이 달라진다. 스커트는 원통형 구조의 몸에 다트나 절개, 플레어 분량으로 보디에 입혀진다. 개더나 플리츠, 플레어를 그릴 때는 다리의 방향, 헴 라인의 흐름이 움직임에 따라 달라진다는 것을 염두에 두고, 주름의 방향 및 플레어의 형태를 동작에 맞게 그려준다.

랩 스커트
Wrap Skirt

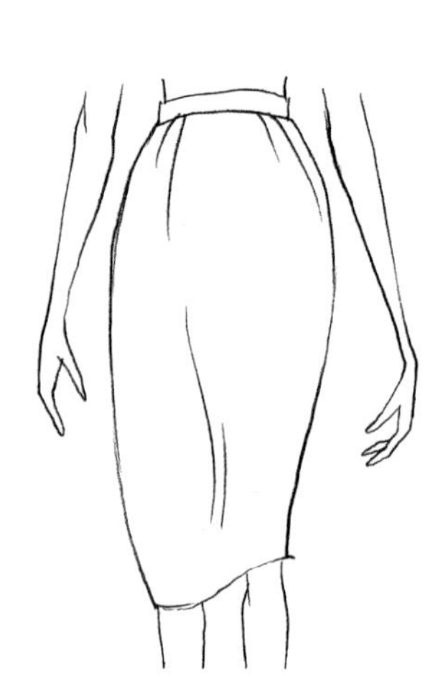
테이퍼드 스커트
Tapered Skirt

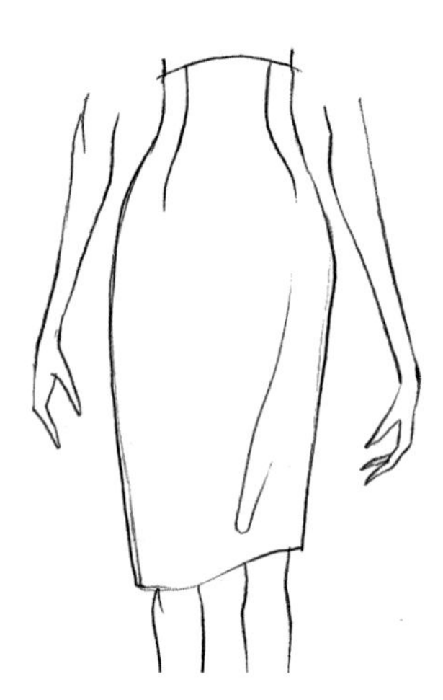
하이웨이스트 스커트
High-waisted Skirt

페그드 스커트
Pegged Skirt

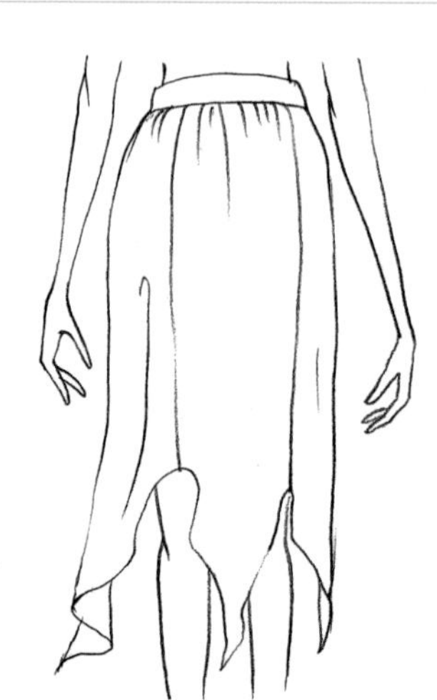
행커치프 스커트
Handkerchief Skirt

던들 스커트
Dirndl Skirt

A라인 스커트
A-line Skirt

슬릿 스커트
Slit Skirt

프레어리 스커트
Prairie Skirt

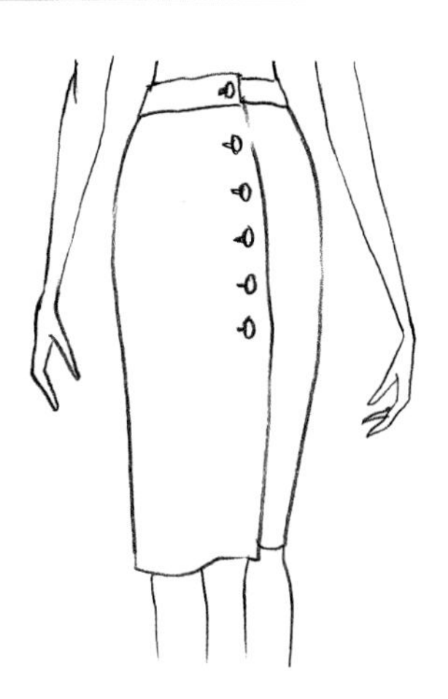
버튼프런트 스커트
Botton-front Skirt

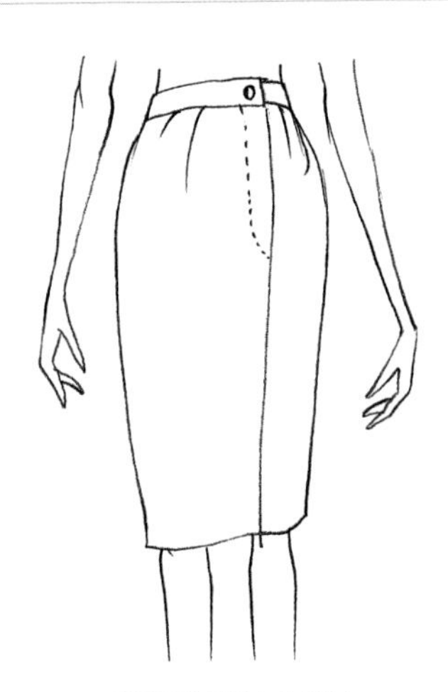
플라이프런트 스커트
Fly-frint Skirt

드레이프 스커트
Draped Skirt

사롱 스커트
Sarong Skirt

다양한 스커트 실루엣

재킷과 코트 그리기

Drawing Jacket and Coat

기본적인 테일러드 재킷을 그릴 때는 이 재킷이 칼라(Collar), 너치(Notch), 라펠(Lapel), 셋인 슬리브(Set-in Sleeve), 다트(Dart), 버튼(Button), 포켓(Pocket) 등으로 이루어져 있다는 것을 이해해야 한다. 재킷이나 코트를 그릴 때는 우선, 보디 피겨에 전체적인 실루엣을 러프하게 드로잉한 후 피겨의 중심선을 찾아 재킷 여밈을 정확하게 그려준다. 싱글버튼일 경우에는 단추가 앞 중심선에 위치하게 한다. 그다음으로 네크라인에서 라펠의 위치를 잡고 정확하게 그려준다. 암홀 라인에서 소매가 떨어지는 위치를 잡고 팔의 움직임에 따라 소매를 그려준다. 그 밖에도 옷의 디테일 버튼과 포켓의 위치를 잡아 표현해준다.
코트 역시 피겨의 원통형 구조를 반영하고 패브릭 두께에 따른 볼륨감을 생각하고 실루엣을 그려준다. 이렇게 전체적인 옷의 구조와 스타일에 따라 다양한 실루엣과 비율을 연습한다.

블루종 Blouson

볼레로 Bolero

카디건 Cardigan

샤넬 Chanel

네루 Nehru

스펜서 Spencer

턱시도·스모킹
Tuxedo or Smoking

노포크
Norfolk

사파리
Safari

랩
Wrap

체스터필드
Chesterfield

프린세스
Princess

다양한 재킷과 코트 실루엣

보디와 의상

The Body and Garments

다양한 포즈의 피겨와 옷의 디테일을 그리는 연습을 했다면, 피겨에 가먼트를 입혀본다. 이때 옷의 디테일이 너무 많이 가려지는 포즈는 피하며, 의상의 디테일한 표현을 통해 패션 이미지가 잘 전달되도록 한다. 그렇게 하기 위해서는 포즈와 의상 사이의 전체적인 비례와 균형이 맞아야 하며 포즈의 지나친 과장과 왜곡을 피해야 한다. 또한 피겨의 움직임에 따라 패브릭에 사용되는 선과 주름의 모양이 달라지는 것을 염두에 두고, 다양한 포즈의 의상을 정확히 표현하는 법을 연습하도록 한다.

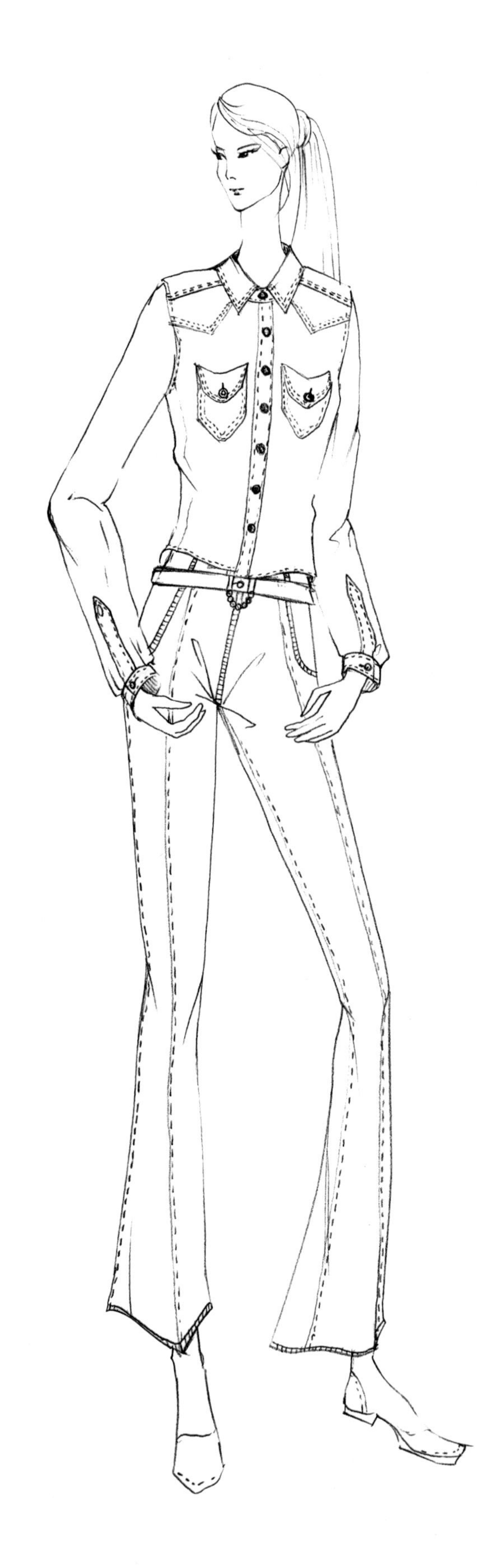

Chapter 3

렌더링 테크닉

Rendering Techniques

패션 일러스트레이션에서 소재의 질감 표현은 패션 이미지 전달을 좌우하는 가장 중요한 요소 중 하나이다. 이 장에서는 겨울 소재인 모피나 울, 캐시미어, 헤링본과 함께 여름 소재, 투명 소재, 불투명 소재, 광택이 있는 소재, 비즈나 스팽글처럼 빛이 나는 소재, 다양한 무늬를 가진 소재 등 여러 소재를 효과적으로 표현하는 기법을 훈련한다.

주요 재료로는 손쉽고 빠르게 효과적으로 사용할 수 있어 실무에서 많이 쓰이는 마커와 재질감과 디테일, 명암의 표현이 가능하여 그림의 깊이감을 더할 수 있는 색연필, 글리터펜 등을 이용하여 다양한 소재 표현을 한다.

헤링본, 캐시미어, 울, 모피

Herringbone, Cashmere, Wool, Fur

헤링본 표현하기

- 마커를 이용해 옷 전체에 음영을 주어 베이스를 칠해준다.
- 색연필로 체크무늬와 헤링본(Harringbone) 문양을 그려준다. 기모가 있는 겨울 소재를 그릴 때는 종이 아래에 샌드페이퍼(Sand Paper)를 대고 칠하면 거친 느낌을 표현할 수 있다.

캐시미어와 울 표현하기

캐시미어(Cashmere)나 울(Wool) 같은 겨울 소재는 스케치 후 마커를 베이스로 색칠한 뒤 반드시 샌드페이퍼를 마커지 밑에 대고 색연필을 뉘어서 칠해준다. 겨울 기모가 있는 모든 소재는 같은 방법을 사용함으로써 기모의 질감 표현을 해준다. 마지막 단계에서는 옷의 스티치나 단추 등의 디테일을 색연필로 그려준다.

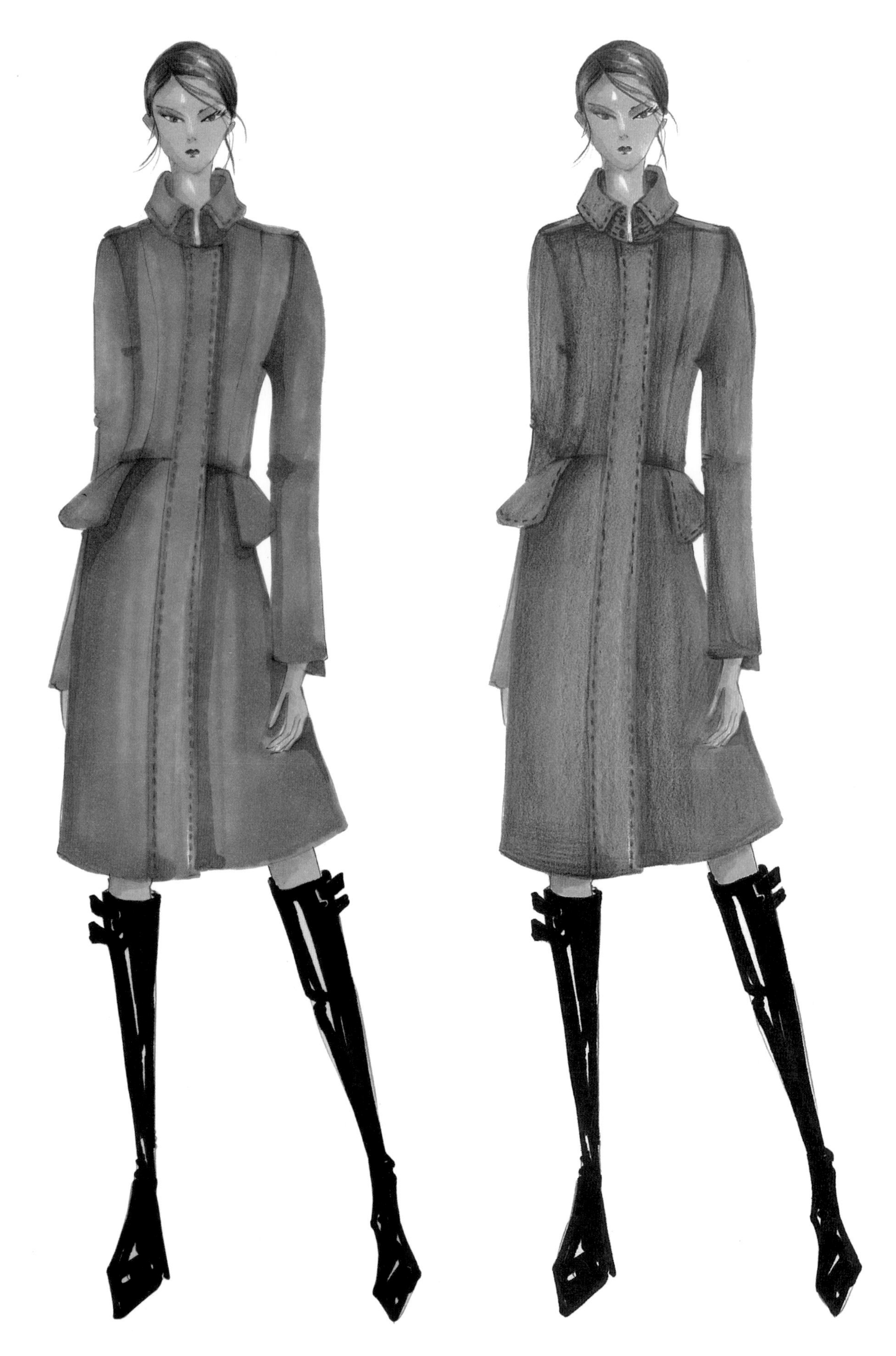

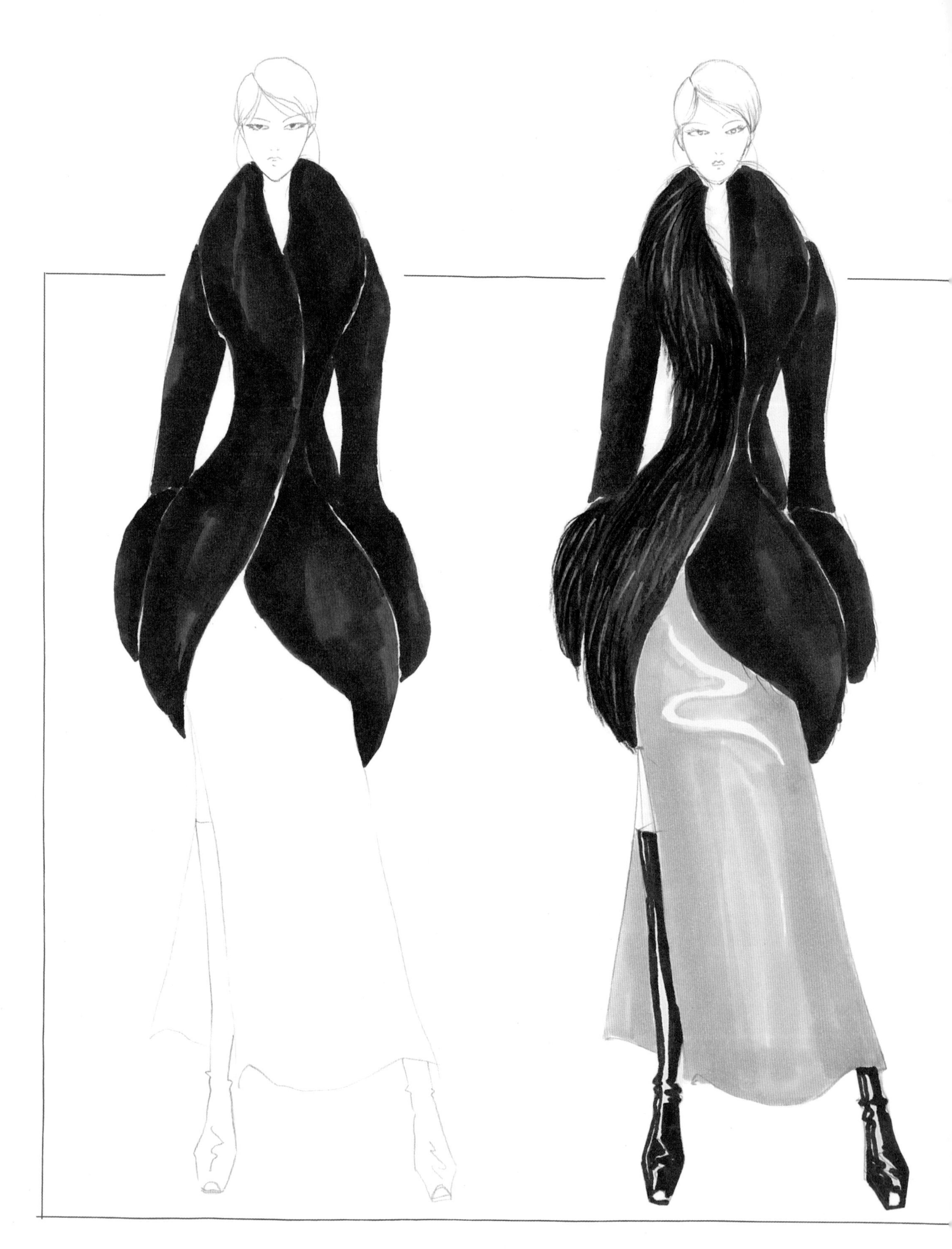

모피 표현하기

헤어가 길거나 짧은 모피(Fur)의 베이스는 마커로 먼저 칠한다. 이때 음영 표현을 위하여 어두운 부분은 동일 색상의 마커로 한 번 더 칠해주고, 모피 헤어 색상의 색연필로 결의 방향을 따라 길이만큼 그려준다. 만약 헤어가 짧은 모피라면 색연필을 뉘어서 사용한다. 모피의 음영도 색연필로 표현한다.

체크, 트위드, 벨벳

Checks, Tweed, Velvet

체크 표현하기

체크(Checks) 문양을 표현할 때는 먼저 사용할 색상을 마커와 색연필 중에서 선택한다. 그다음 베이스 컬러를 마커로 칠한다. 입체감을 표현하기 위해 어두운 부분은 같은 색상의 마커로 한 번 더 칠한다. 마지막으로 가로줄과 세로줄의 간격과 수를 분석하여 색연필로 선을 그려 표현한다.

트위드 표현하기

트위드(Tweed)를 표현할 때는 직조된 방향의 실 색상을 먼저 분석한 후, 실에 사용된 색상의 마커와 색연필을 준비한다. 베이스는 마커를 이용하며, 실의 방향에 맞추어 색을 칠한다. 이때 음영을 표현해준다. 마커지 밑에 샌드페이퍼를 대고 색연필을 뉘어서 털의 방향과 모양에 따라 거친 느낌을 표현한다. 옷의 디테일은 마커와 색연필로 묘사해준다.

벨벳 표현하기

벨벳(Velvet)은 광택이 있는 기모를 가진 부드러운 소재로, 마커를 이용하여 하이라이트 부분을 남기고 색을 칠한다. 그다음 마커로 음영 표현을 한 뒤, 색연필을 뉘어서 부드럽게 덧칠하여 기모를 표현한다.

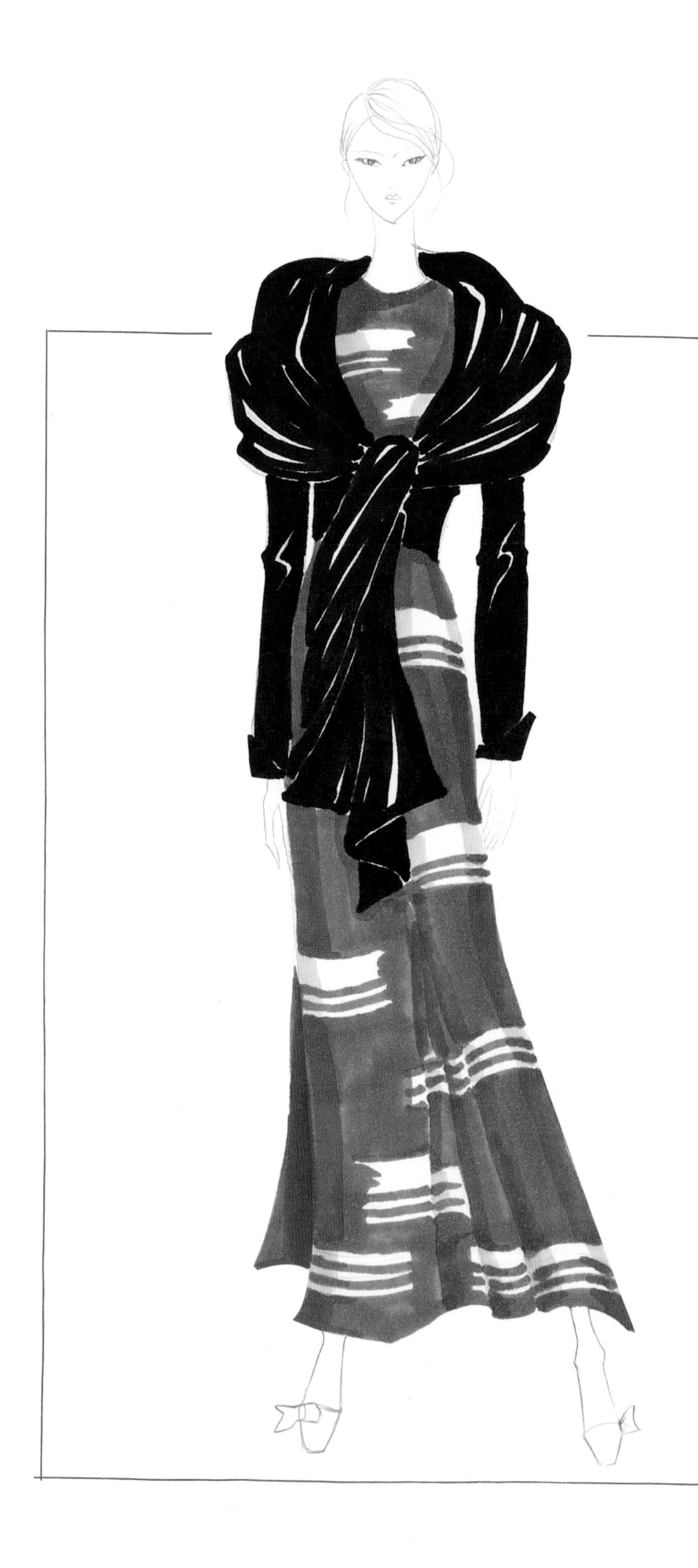

가죽, 블랙 앤 화이트 의상

Leather, Black and White Garment

가죽 표현하기

가죽(Leather)은 광택이 있는 페이턴트(Patent) 가죽, 광택이 없는 표면이 거친 가죽과 무늬가 들어간 가죽 등 다양하게 나눌 수 있다.
광택이 있는 페이턴트 가죽은 하이라이트를 빛의 방향과 주름 방향에 따라 딱딱한 느낌으로 표현해준다. 스티치와 지퍼 등의 디테일은 색연필을 이용하여 그려준다. 마지막으로 하이라이트 부분에서는 음영 표현을 위해 20% 밝은 회색으로 어두운 부분을 칠한다.

블랙 앤 화이트 의상 표현하기

화이트 계열의 옷은 10%나 20%의 밝은 회색 마커를 이용하여 어두운 부분에만 명암을 주어 표현한다. 미세한 조직이나 무늬가 있는 옷은 색연필을 이용해 디테일을 표현해준다.

블랙 계열의 옷은 마커를 이용하여 베이스를 칠해주는데, 이때 주름이나 디테일 부분의 경계선을 남겨두고 칠한다. 그다음에 흰색이나 10% 밝은 회색 색연필을 이용하여 남겨둔 부분을 덧칠한다. 마지막으로 주름이나 옷의 디테일을 색연필로 묘사해준다.

1 연필로 아웃라인 스케치와 디테일 및 주름 표현을 해준다.

2 검은색 마커를 이용하여 경계가 되는 부분을 제외하고 색을 채워준다.

3 남겨놓은 부분과 섀도 부분을 회색 색연필을 이용하여 칠해준다.

새틴 실크, 타프타 실크, 레이스

Satin Silk, Taffeta Silk, Lace

새틴 실크 표현하기

광택이 나는 새틴 실크(Satin Silk)는 두께감이 가볍기 때문에 착장된 보디 형태에 따라 주름의 방향을 하이라이트로 부드럽게 남겨준다. 마커를 이용하여 하이라이트 부분을 반드시 남기며 칠하고, 어두운 부분은 한 번 더 색을 칠하여 음영을 표현한다.

Tip

반짝이는 광택 소재는 두께와 질감에 따라 하이라이트를 남기는 모양이 달라진다. 예를 들어 딱딱한 두께감이 있는 가죽 소재는 직선으로 끊어지게 하이라이트를 남기고, 부드럽게 흘러내리는 실크 광택 소재는 곡선의 형태로 보디와 주름의 흐름에 따라 자연스럽게 남겨준다.

타프타 실크 표현하기

타프타 실크(Taffeta Silk)는 새틴보다 가볍고 종이처럼 구겨지는 느낌의 소재로, 하이라이트 부분을 남길 때는 종이 구김의 형태처럼 딱딱하게 남겨준다. 어두운 부분에는 음영을 주어 입체감을 표현한다.

레이스 표현하기

레이스(Lace)와 같이 얇고 비치는 소재는 먼저 스킨 컬러를 이용하여 비치는 부분을 칠한다. 그다음 안감에 사용된 색상을 마커로 음영을 주면서 칠해준다. 레이스 패턴은 샌드페이퍼를 마커지 아래 대고 색연필을 뉘어서 묘사해준다. 이때 주름이나 옷의 디테일을 강조하며, 어두운 부분은 라인 퀄리티를 살려 표현해준다.

비즈, 시퀸
Beads, Sequin

샤이니한 비즈(Beads)나 시퀸(Sequin)의 표현은 옷의 바탕색을 마커로 색칠한 뒤 하이라이트 부분을 화이트로 표현한 후, 글리터 펜을 이용하여 점을 찍듯 그려준다. 이때 비즈의 색상에 따라 색연필로 다양한 색의 표현을 해준다. 또한 점의 강약과 색상으로 음영을 주어 비즈의 입체감을 살린다.

시폰, 튈

Chiffon, Tulle

시폰 표현하기

비침이 있는 가벼운 시폰(Chiffon)은 광택이 없는 실크 소재이다. 시폰은 색연필을 이용하여 부드럽게 표현한다. 라인의 강약을 조절하여 원단의 흐름과 부드러운 느낌을 표현하면 되는데, 이때 결의 방향을 묘사하듯 그려준다.

튈 표현하기

튈(Tulle)은 가로세로 격자무늬의 비치는 망사 소재로, 밑바탕의 옷을 먼저 표현한 후 마커지 아래에 망사 소재를 대고 색연필을 뉘어서 색칠해준다. 이때 겹쳐지는 부분은 어둡게 한 번 더 색칠해주며 망사 끝부분을 라인으로 강조하지 않는다.

데님과 프린트

Denim and Print

데님 표현하기

데님(Denim)은 워싱이나 디스패치드된 부분을 색연필로 이용하여 묘사해준다. 우선 데님 컬러를 마커로 색칠해준다. 이때 디스패치드된 부분은 반드시 하얗게 남겨준다. 샌드페이퍼나 망사 소재를 마커지 아래 대고 색연필을 뉘어서 어두운 부분에 음영을 주며 색을 칠한다. 이때 구김이나 주름, 워싱의 방향을 고려하여 색연필로 묘사하듯 칠해준다. 마지막으로 디스패치드된 부분도 색연필을 이용하여 묘사해준다.

프린트 표현하기

프린트(Print) 소재는 먼저 프린트에 사용된 색상의 마커를 선택한 후, 소재에 광택이 있는지 기모가 있는지를 확인한 다음 색을 칠한다. 이때 패턴의 크기와 반복되는 형태를 분석하고 음영을 표현하며, 밝은색부터 칠한다. 마지막 단계에서는 마커를 이용하여 어두운 부분을 한 번 더 덧칠한다.

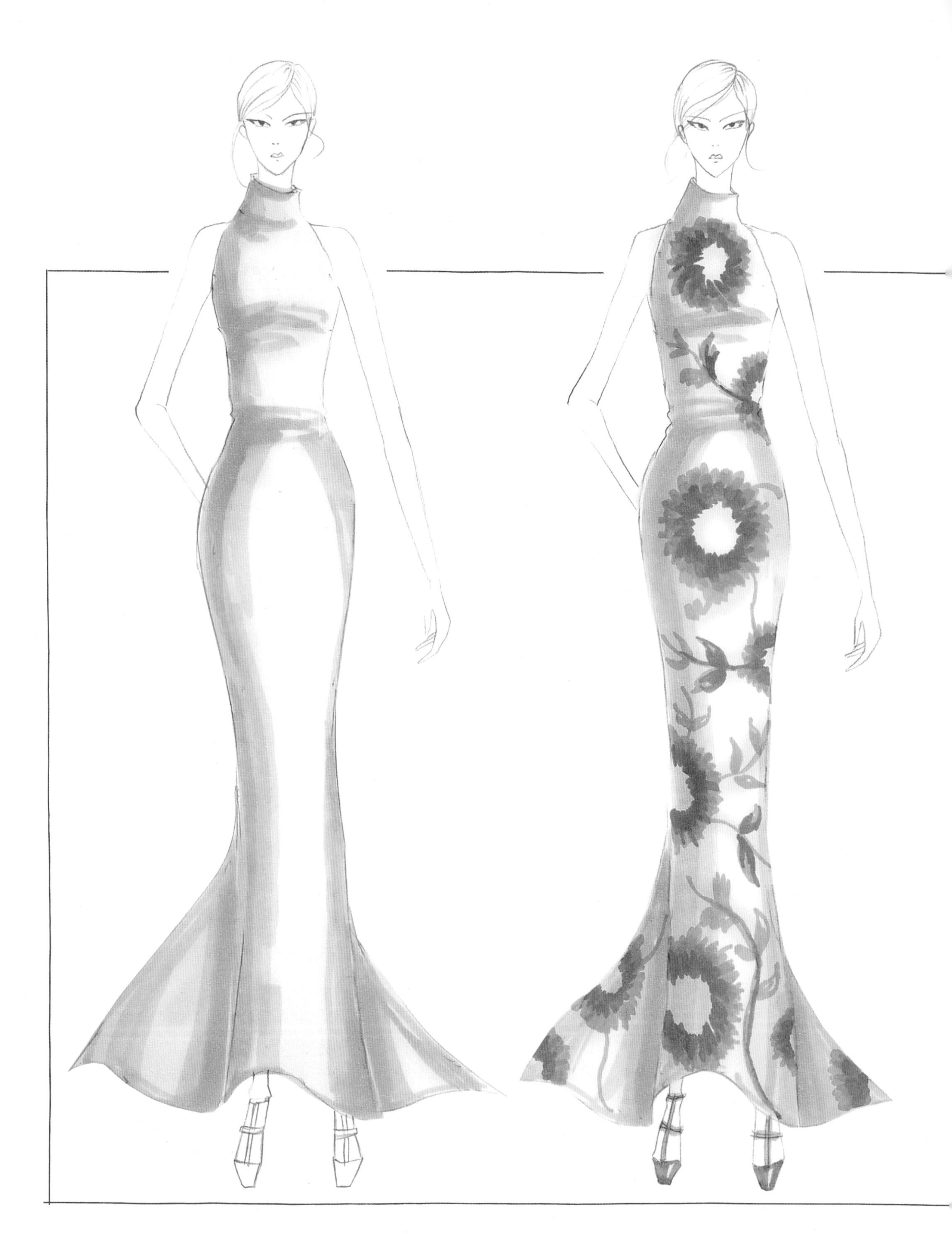

플로럴 프린트 표현하기

플로럴 프린트(Floral Print)의 바탕색이 밝다면 이를 먼저 칠해주고, 어두울 경우에는 꽃무늬를 먼저 묘사한다. 음영은 의상의 실루엣과 착장 형태에 따라 표현한다. 이때 마커와 색연필을 이용하여 프린트의 크기와 형태를 입체감 있게 표현한다. 몸의 굴곡과 패브릭 흐름에 따라 꽃무늬 패턴의 형태도 달라지기 때문에, 색칠할 때는 패턴이 평면처럼 보이지 않도록 주의해야 한다.

Chapter 4

실습

The Extras

이번 장에서는 아이템별 도식화를 그리는 연습을 하고, 다양한 워크시트(Worksheet)를 제시하며 일러스트레이션 스킬을 소개한다. 또한 믹스드 미디어(Mixed Midia)를 이용한 일러스트레이션 작품을 살펴보도록 한다.

도식화

Flat Views

도식화는 의복을 제작하기 위한 작업 지시용 평면 디테일화이다. 도식화에서 가장 중요한 것은 정확한 비례이다. 실제와 같은 전체적인 비례는 반드시 지켜져야 하며 절개라인 및 옷의 모든 디테일에 관한 설명을 한눈에 볼 수 있도록 정확하고 자세하게 그려야 한다.

도식화는 앞뒷면을 모두 그려주며, 의복 제작의 정확한 이해를 돕기 위해 디자인에 사용된 문양, 패브릭과 비즈나 스팽글, 트리밍 모두 선의 굵기와 종류를 다르게 하여 섬세하게 표현해야 한다. 도식화에 사용되는 선은 아웃라인과 디테일의 굵기에 따라 다른 펜을 이용하여 정확하게 표현한다. 앞서 만들어 놓은 피겨 위에 이러한 방식으로 아이템별 도식화를 그려보자.

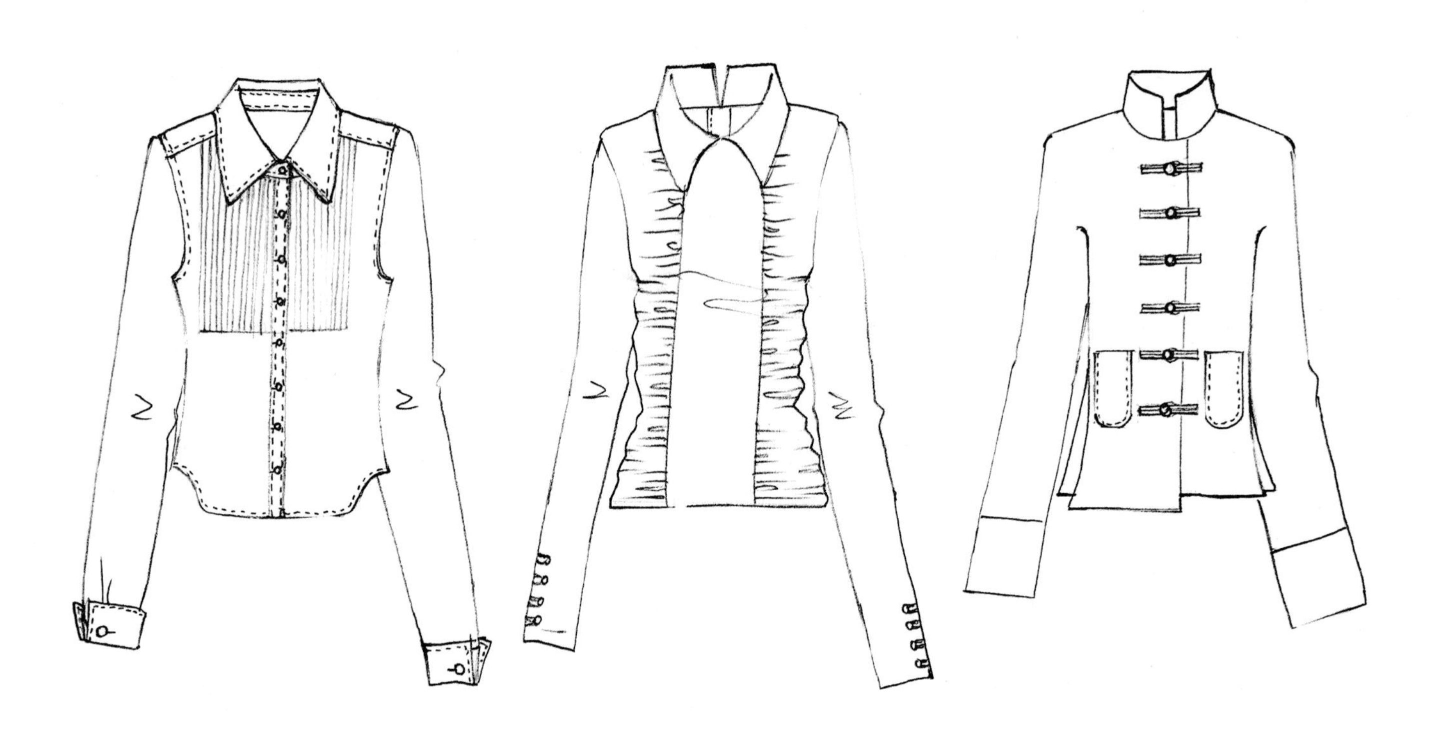

셔츠와 블라우스

드레스

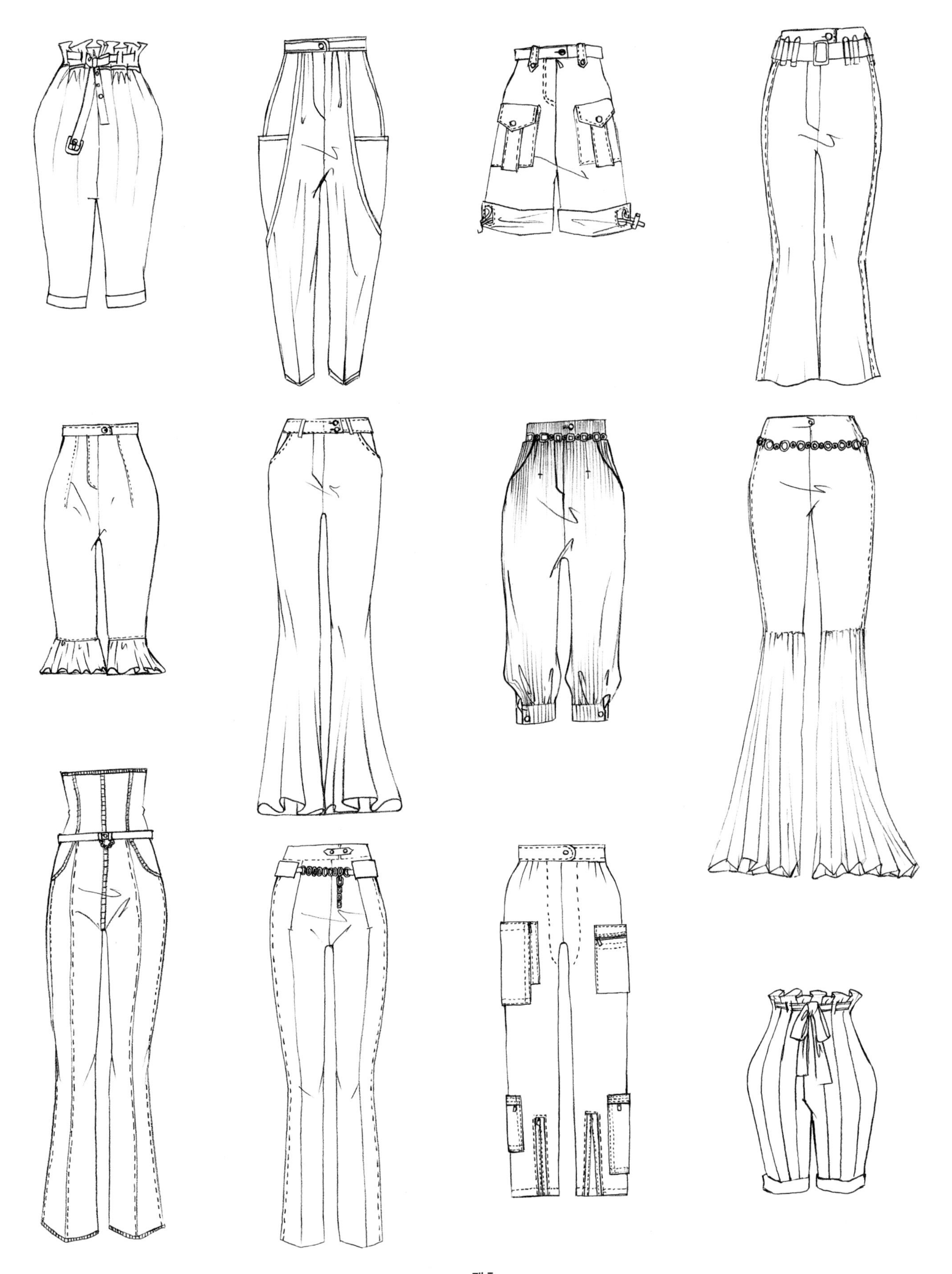

팬츠

스커트

재킷

코트

워크시트

Worksheet

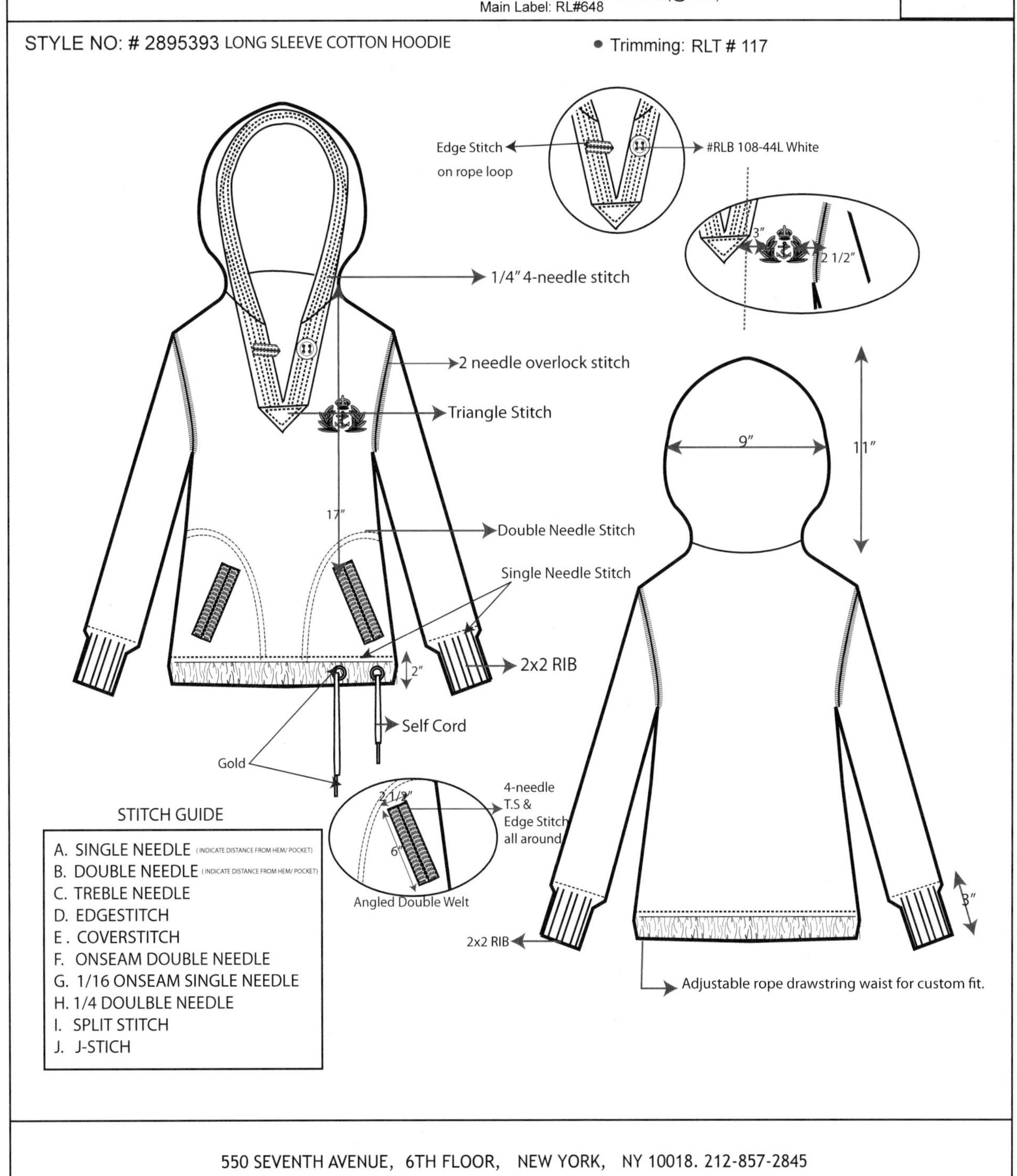

RALPH LAUREN	FABRIC :BodyShell: #RL200 JERSEY 60" wide,170GRMS Trimming: RLT#117, 100% Cotton Stitch: 1/4" All around T.S Button: #RLB 108 36L-8EA(@ C.F, Pocket, Sleeve) Main Label: RL#648	DATE:12/20/07 C.B.=20"

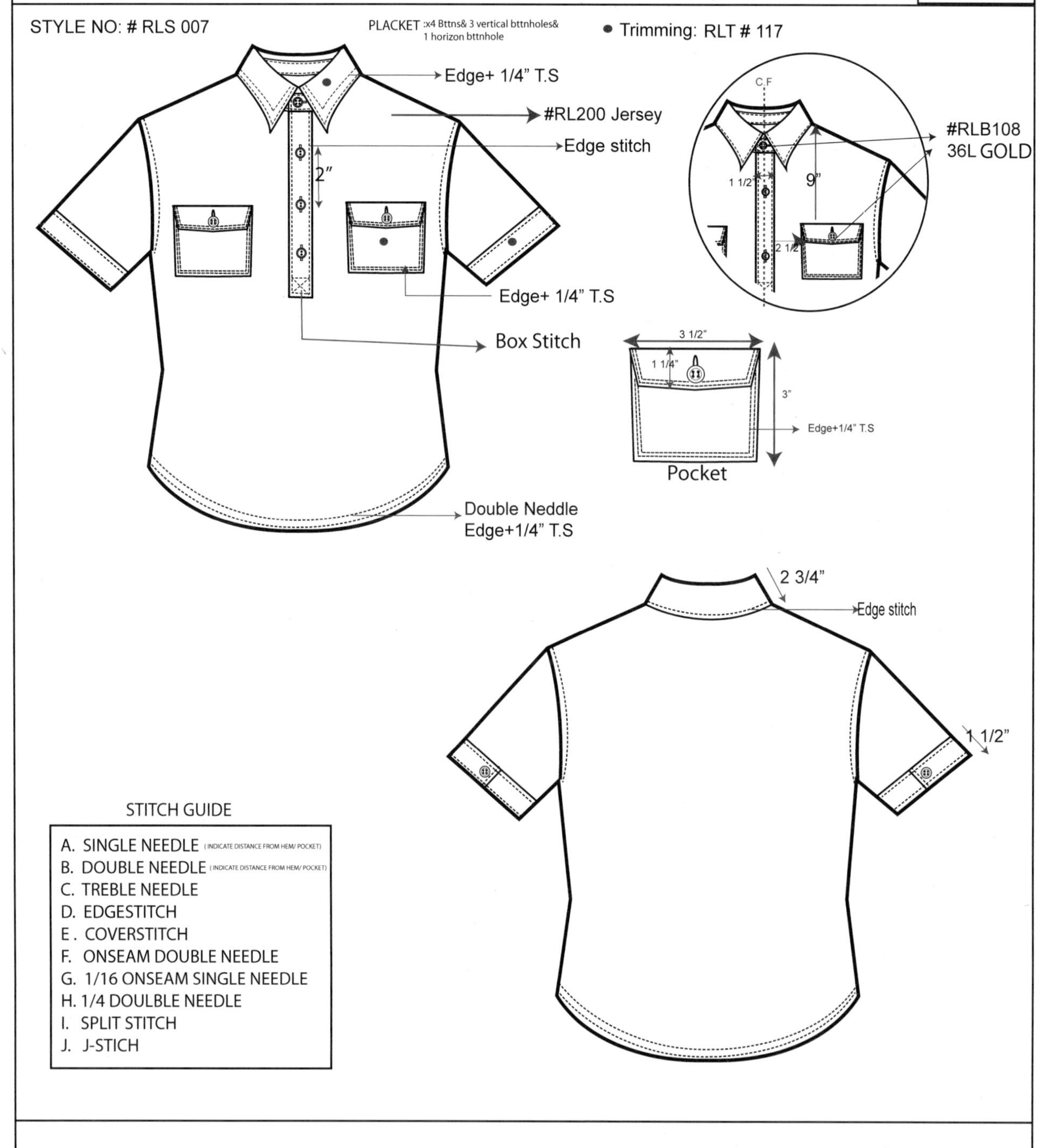

550 SEVENTH AVENUE, 6TH FLOOR, NEW YORK, NY 10018. 212-857-2845

디자인시트
Designsheet

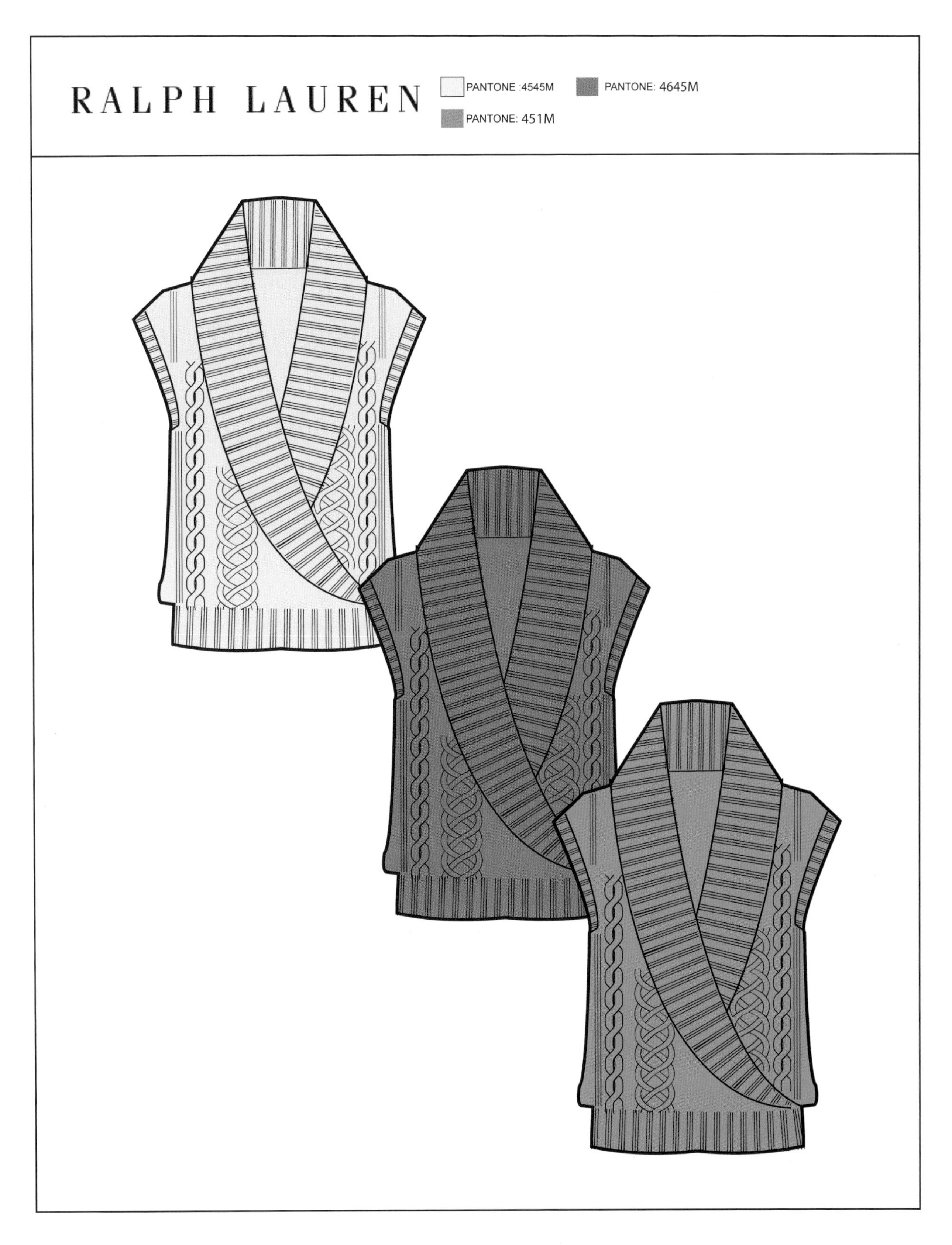

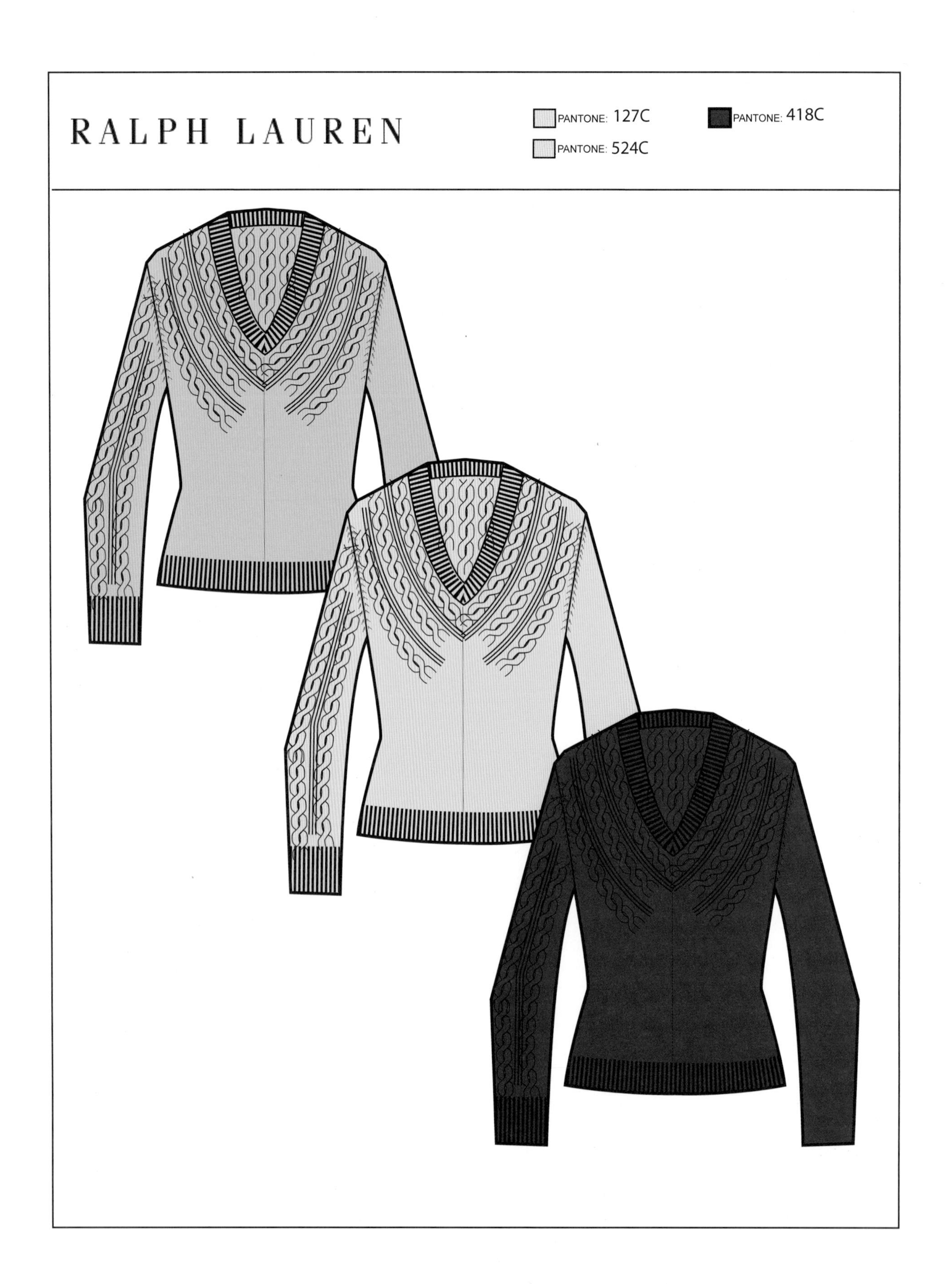
RALPH LAUREN
PANTONE: 127C
PANTONE: 524C
PANTONE: 418C

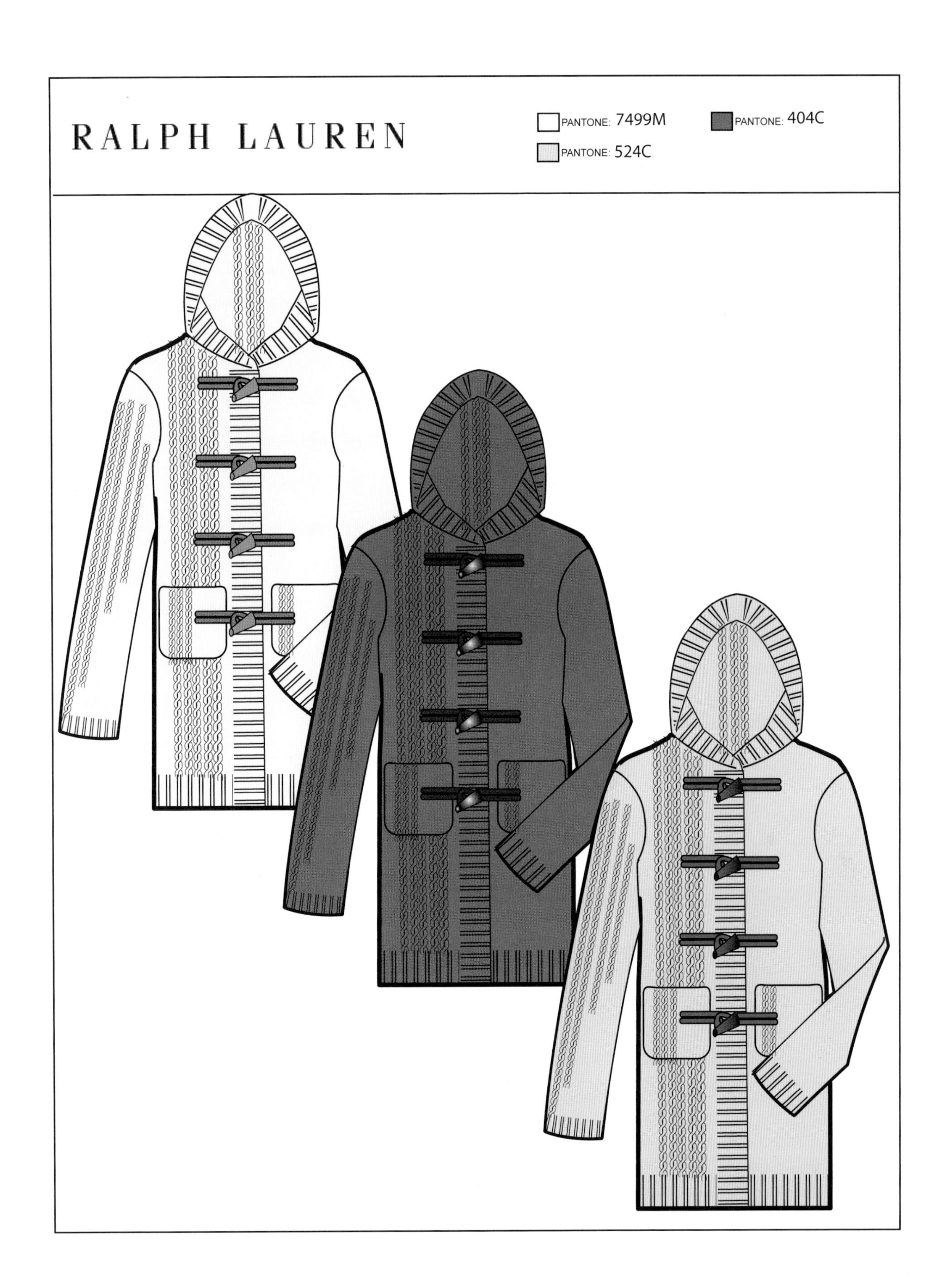
RALPH LAUREN
PANTONE: 7499M
PANTONE: 404C
PANTONE: 524C

코트 텍 팩

Coat Tec Pack

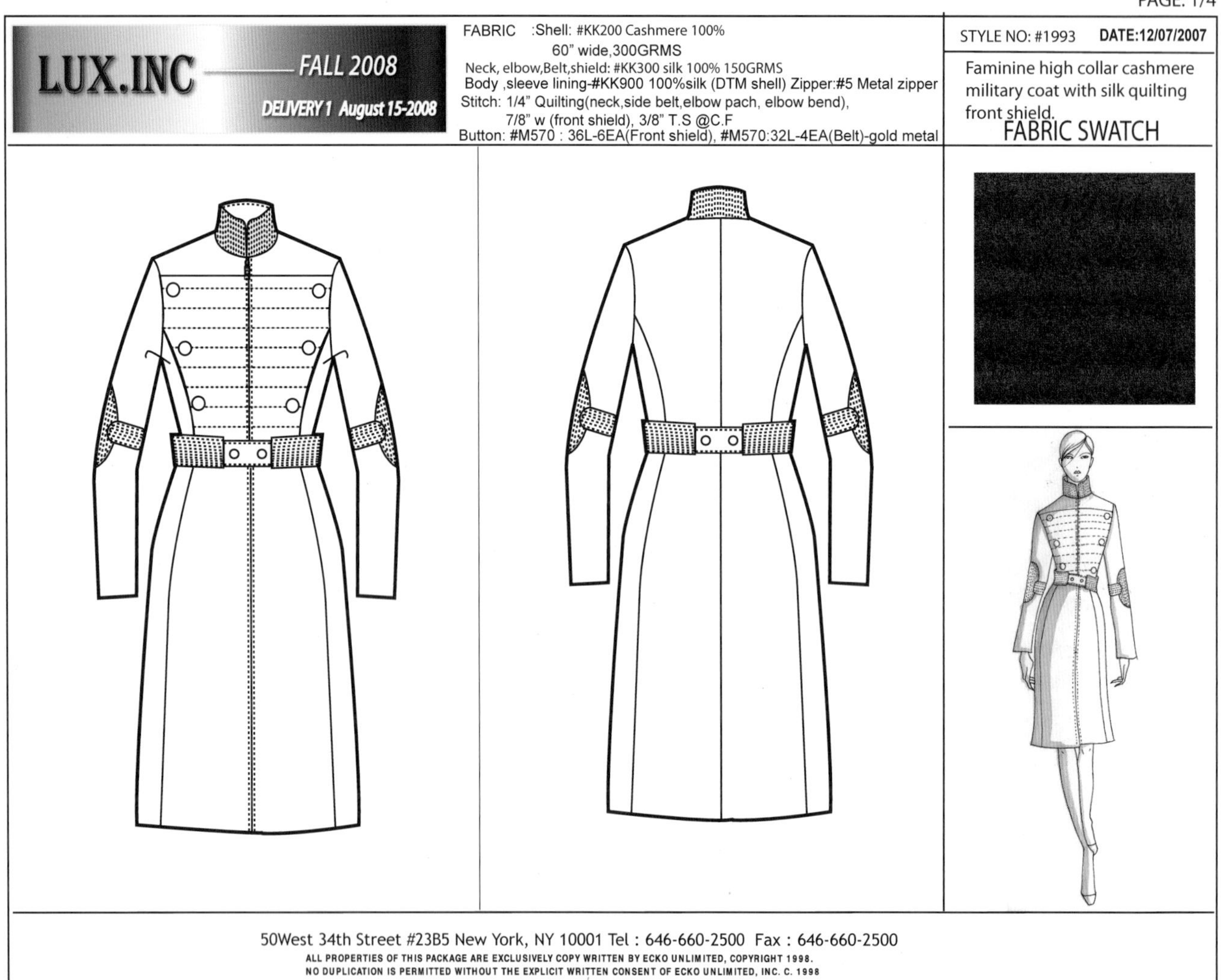

LUX.INC — FALL 2008 DELIVERY 1 August 15-2008	FABRIC :Shell: #KK200 Cashmere 100% 60" wide,300GRMS Neck, elbow,Belt,shield: #KK300 silk 100% 150GRMS Body ,sleeve lining-#KK900 100%silk (DTM shell) Zipper:#5 Metal zipper Stitch: 1/4" Quilting(neck,side belt,elbow pach, elbow bend), 7/8" w (front shield), 3/8" T.S @C.F	DATE:12/07/07 C.B.=36"

STYLE NO: #1993

Button: #M570 : 36L-6EA(Front shield), #M570:32L-4EA(Belt)-gold metal

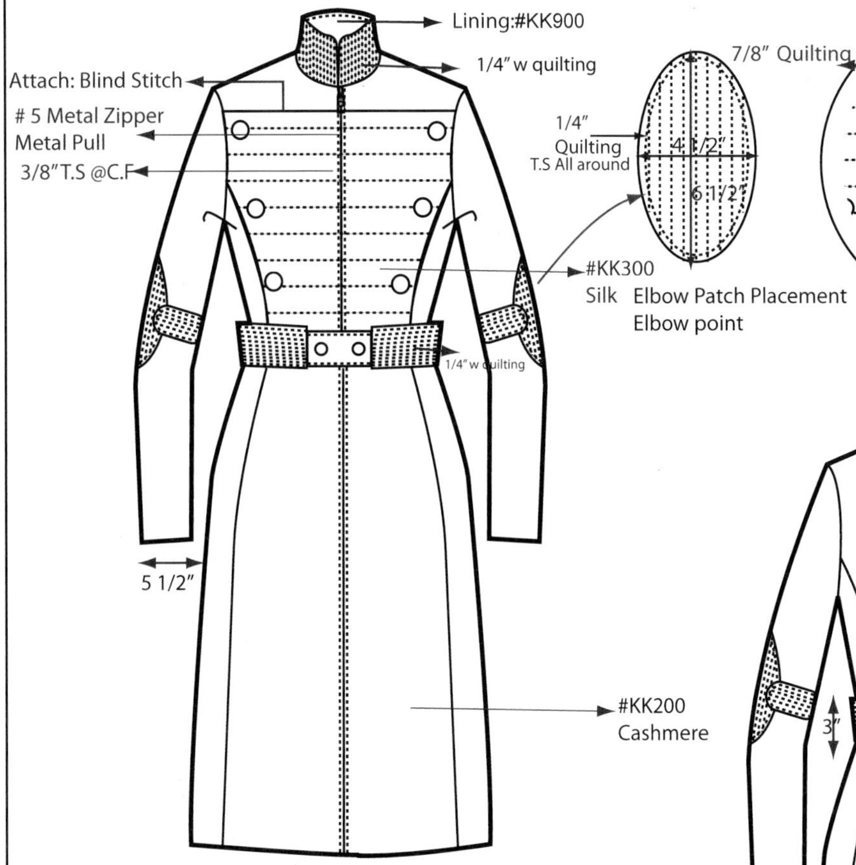

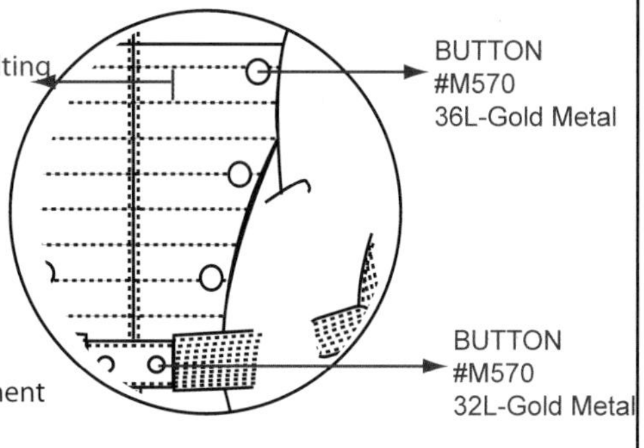

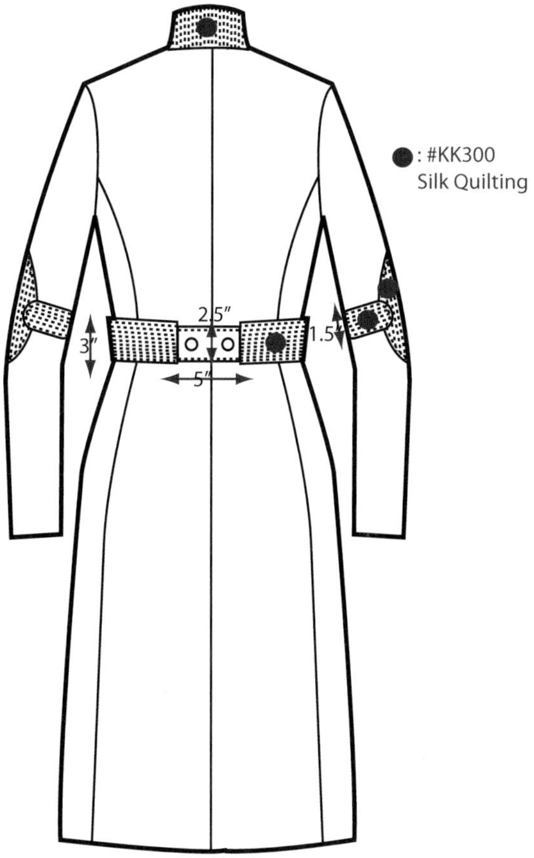

STITCH GUIDE

A. SINGLE NEEDLE (INDICATE DISTANCE FROM HEM/ POCKET)
B. DOUBLE NEEDLE (INDICATE DISTANCE FROM HEM/ POCKET)
C. TREBLE NEEDLE
D. EDGESTITCH
E. COVERSTITCH
F. ONSEAM DOUBLE NEEDLE
G. 1/16 ONSEAM SINGLE NEEDLE
H. 1/4 DOULBLE NEEDLE
I. SPLIT STITCH
J. J-STICH

50West 34th Street #23B5 New York, NY 10001 Tel : 646-660-2500 Fax : 646-660-2500

PAGE:3/4

LUX.INC — FALL 2008

DELIVERY 1 August 15-2008

12/07/2007

PANTONE: MIDNIGHT BLUE | PANTONE: SILVER

PANTONE:CHOCOLATE | PANTONE: STEEL BLUE

STYLE NO: #1993

*MIDNIGHT BLUE

*SILVER

*CHOCOLATE

*STEEL BLUE

BODY A.	BODY B. (silk Quilting)	CONTRAST BODY STITCH	LINING (D)	ZIPPER	Quilting Thread	BUTTON #570
MIDNIGHT BLUE	Dark Blue	DTM Ⓐ	Dark Blue	Antique brass	DTM Ⓑ	Gold Metal
SILVER	SILVER	DTM Ⓐ	Light gray	Silver	DTM Ⓑ	Silver Metal
CHOCOLATE	CHOCOLATE	DTM Ⓐ	CHOCOLATE	Antique brass	DTM Ⓑ	Gold Metal
STEEL BLUE	STEEL BLUE	DTM Ⓐ	STEEL BLUE	Black	DTM Ⓑ	Silver Metal

50West 34th Street #23B5 New York, NY 10001 Tel : 646-660-2500 Fax : 646-660-2500

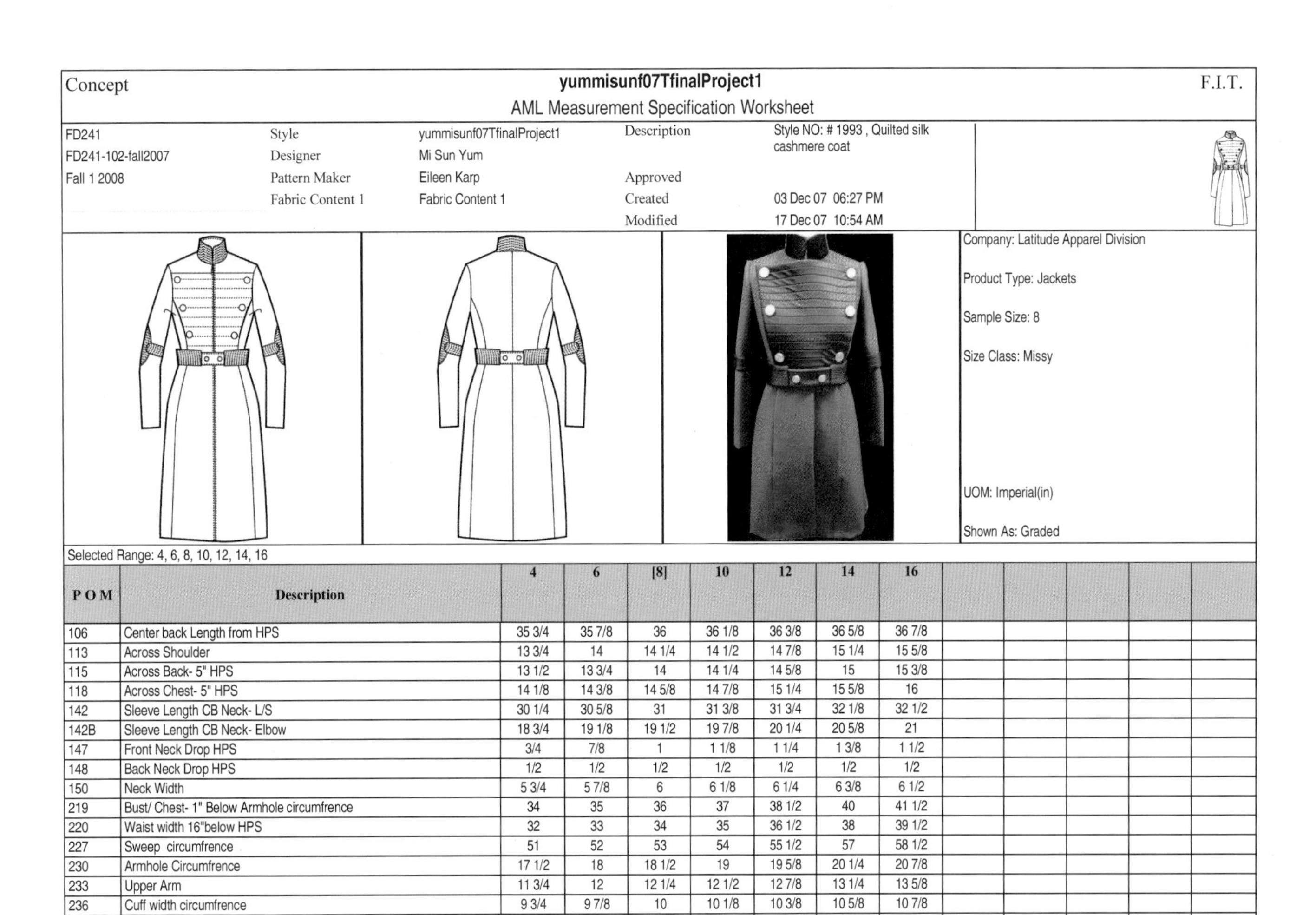

Concept | **yummisunf07TfinalProject1** | F.I.T.

AML Measurement Specification Worksheet

FD241	Style	yummisunf07TfinalProject1	Description	Style NO: # 1993 , Quilted silk cashmere coat	
FD241-102-fall2007	Designer	Mi Sun Yum			
Fall 1 2008	Pattern Maker	Eileen Karp	Approved		
	Fabric Content 1	Fabric Content 1	Created	03 Dec 07 06:27 PM	
			Modified	17 Dec 07 10:54 AM	

Company: Latitude Apparel Division

Product Type: Jackets

Sample Size: 8

Size Class: Missy

UOM: Imperial(in)

Shown As: Graded

Selected Range: 4, 6, 8, 10, 12, 14, 16

POM	Description	4	6	[8]	10	12	14	16					
106	Center back Length from HPS	35 3/4	35 7/8	36	36 1/8	36 3/8	36 5/8	36 7/8					
113	Across Shoulder	13 3/4	14	14 1/4	14 1/2	14 7/8	15 1/4	15 5/8					
115	Across Back- 5" HPS	13 1/2	13 3/4	14	14 1/4	14 5/8	15	15 3/8					
118	Across Chest- 5" HPS	14 1/8	14 3/8	14 5/8	14 7/8	15 1/4	15 5/8	16					
142	Sleeve Length CB Neck- L/S	30 1/4	30 5/8	31	31 3/8	31 3/4	32 1/8	32 1/2					
142B	Sleeve Length CB Neck- Elbow	18 3/4	19 1/8	19 1/2	19 7/8	20 1/4	20 5/8	21					
147	Front Neck Drop HPS	3/4	7/8	1	1 1/8	1 1/4	1 3/8	1 1/2					
148	Back Neck Drop HPS	1/2	1/2	1/2	1/2	1/2	1/2	1/2					
150	Neck Width	5 3/4	5 7/8	6	6 1/8	6 1/4	6 3/8	6 1/2					
219	Bust/ Chest- 1" Below Armhole circumfrence	34	35	36	37	38 1/2	40	41 1/2					
220	Waist width 16"below HPS	32	33	34	35	36 1/2	38	39 1/2					
227	Sweep circumfrence	51	52	53	54	55 1/2	57	58 1/2					
230	Armhole Circumfrence	17 1/2	18	18 1/2	19	19 5/8	20 1/4	20 7/8					
233	Upper Arm	11 3/4	12	12 1/4	12 1/2	12 7/8	13 1/4	13 5/8					
236	Cuff width circumfrence	9 3/4	9 7/8	10	10 1/8	10 3/8	10 5/8	10 7/8					
302	Collar Height	3	3	3	3	3	3	3					
303	Shoulder Pad Length	4 1/4	4 1/4	4 1/4	4 1/4	4 1/4	4 1/4	4 1/4					
303B	Shoulder Pad Width	7 1/2	7 1/2	7 1/2	7 1/2	7 1/2	7 1/2	7 1/2					

Printed: 17 DEC 2007 10:55 AM EST
2_WARPAML.rptWorkSheet1 (W: 5.1.34, PJ: 5.1.34)

Page 4/4

셔츠 텍 팩

Shirt Tec Pack

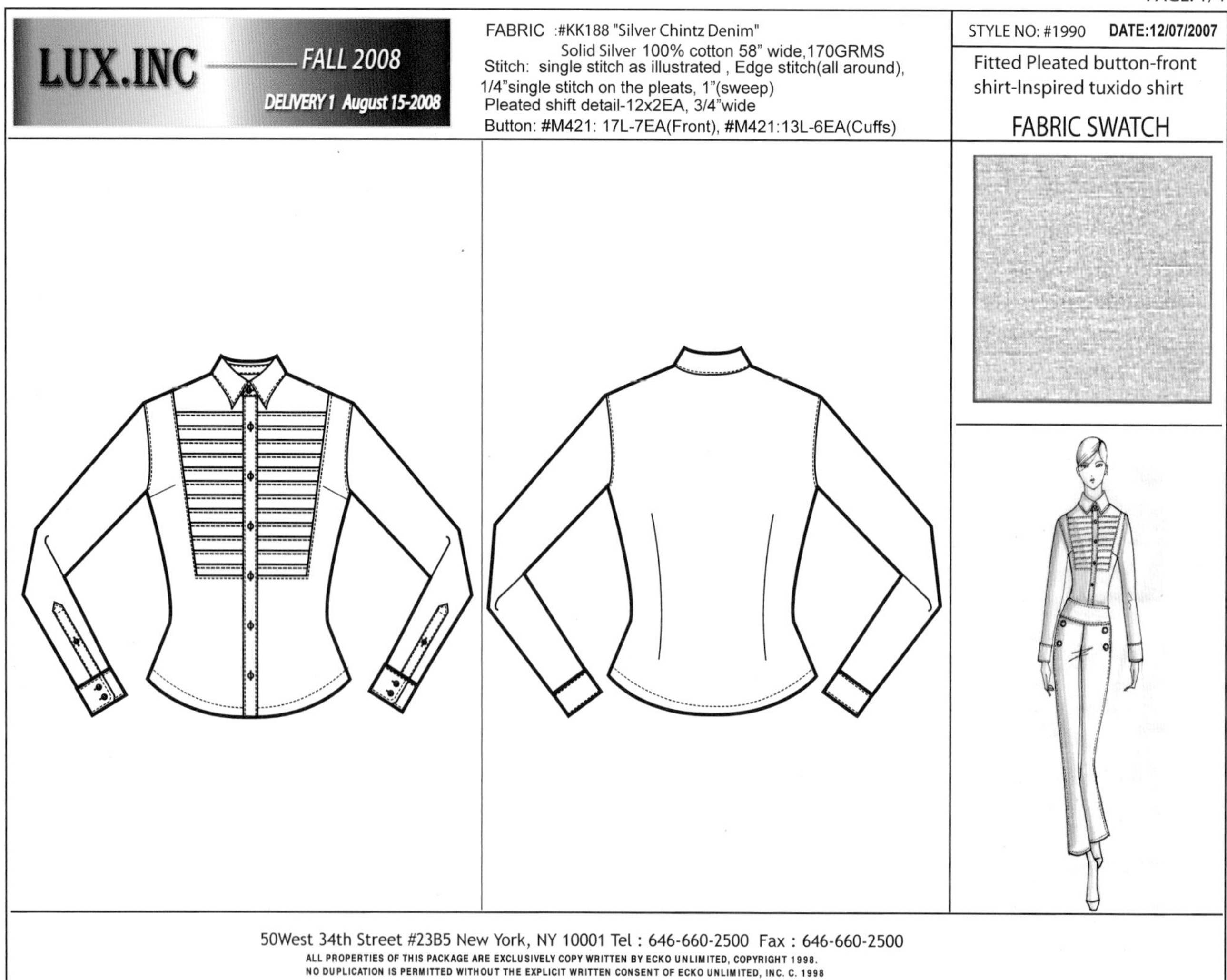
PAGE: 1/4

LUX.INC —— FALL 2008
DELIVERY 1 August 15-2008

FABRIC :#KK188 "Silver Chintz Denim"
Solid Silver 100% cotton 58" wide,170GRMS
Stitch: single stitch as illustrated , Edge stitch(all around),
1/4"single stitch on the pleats, 1"(sweep)
Pleated shift detail-12x2EA, 3/4"wide
Button: #M421: 17L-7EA(Front), #M421:13L-6EA(Cuffs)

STYLE NO: #1990 DATE:12/07/2007
Fitted Pleated button-front shirt-Inspired tuxido shirt
FABRIC SWATCH

50West 34th Street #23B5 New York, NY 10001 Tel : 646-660-2500 Fax : 646-660-2500
ALL PROPERTIES OF THIS PACKAGE ARE EXCLUSIVELY COPY WRITTEN BY ECKO UNLIMITED, COPYRIGHT 1998.
NO DUPLICATION IS PERMITTED WITHOUT THE EXPLICIT WRITTEN CONSENT OF ECKO UNLIMITED, INC. C. 1998

PAGE: 2/4

LUX.INC — FALL 2008 DELIVERY 1 August 15-2008	FABRIC :#KK188 "Silver Chintz Denim" Solid Silver 100% cotton 58" wide,170GRMS Stitch: single stitch as illustrated , Edge stitch(all around), 1/4"single stitch on the pleats, 1"(sweep) Pleated shift detail-12x2EA, 3/4"wide Button: #M421: 17L-7EA(Front), #M421:13L-6EA(Cuffs)	DATE:12/07/07 C.B.=25"

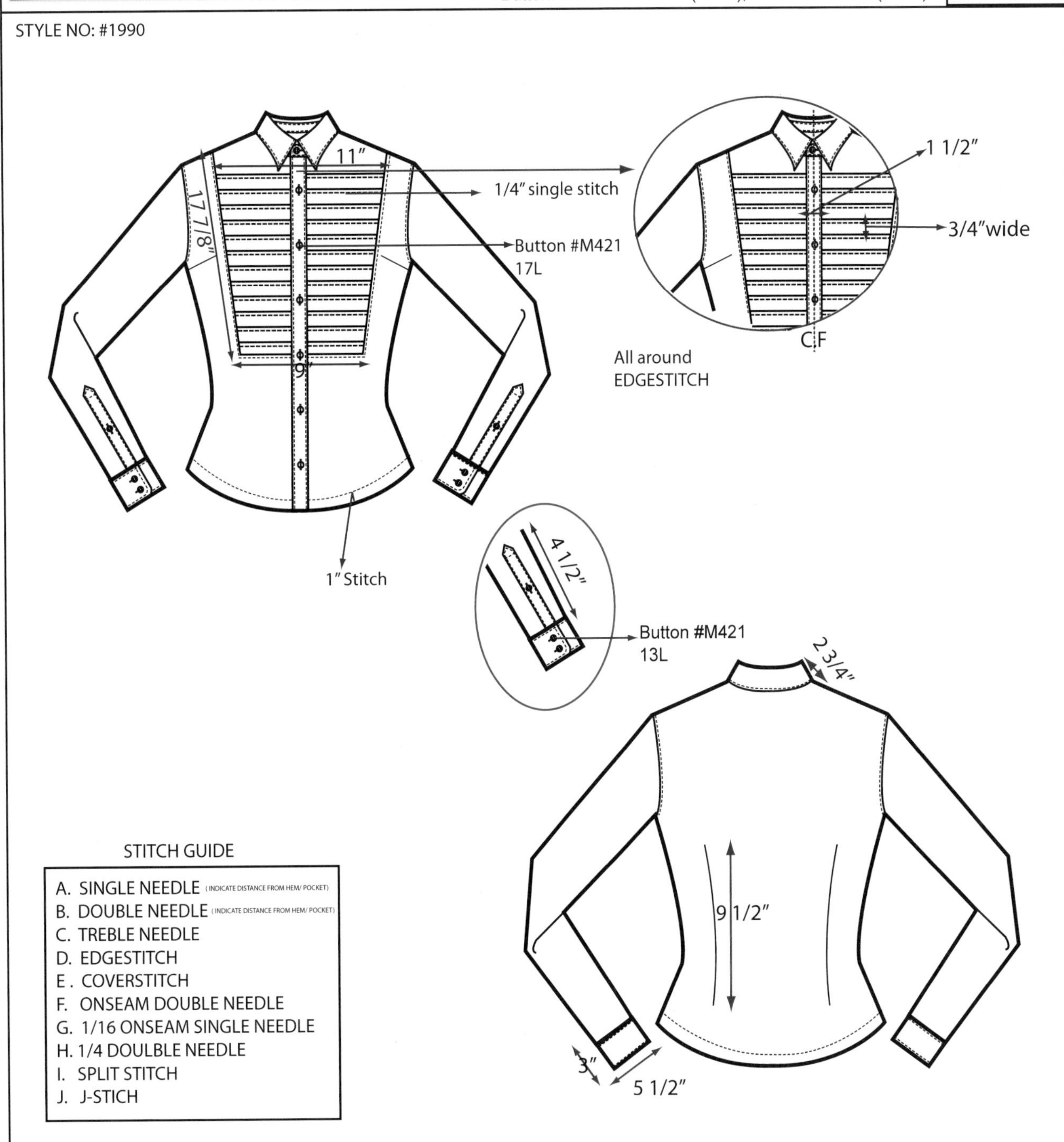

50West 34th Street #23B5 New York, NY 10001 Tel : 646-660-2500 Fax : 646-660-2500

BODY A.	BODY STITCH(Thread)	BUTTON	BUTTON-#M421
CEMENT	DTM Ⓐ	White	White 17L,13L
STEEL BLUE	DTM Ⓐ	Silver	Silver 17L,13L
BLACK	DTM Ⓐ	Black	Black 17L, 13L
KHAKI	DTM Ⓐ	Khaki	Khaki 17L, 13L

50West 34th Street #23B5 New York, NY 10001 Tel : 646-660-2500 Fax : 646-660-2500

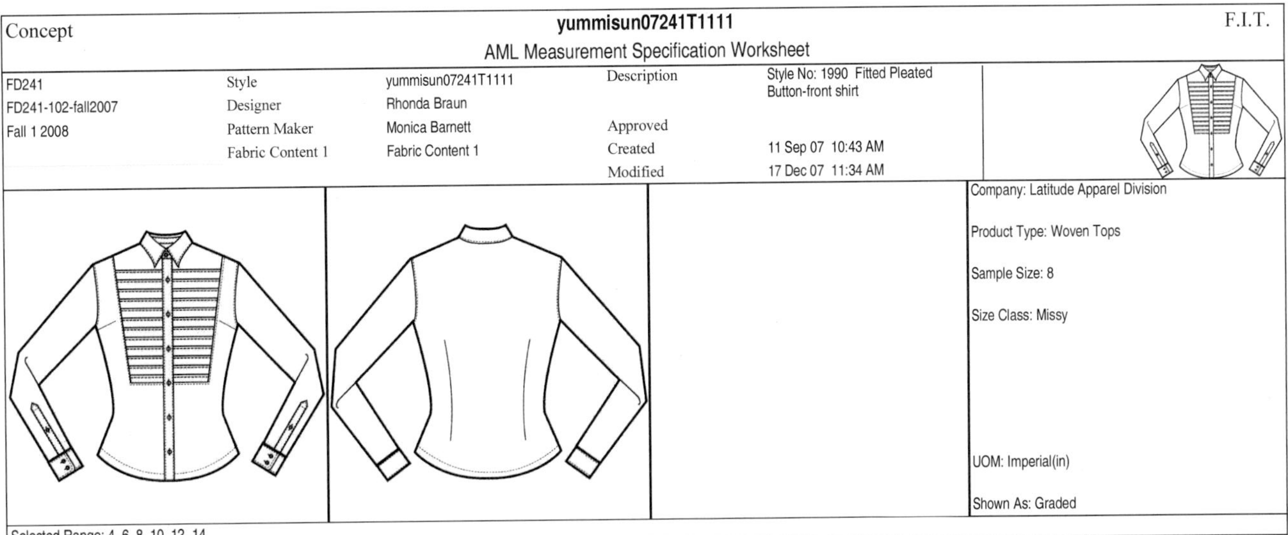

Concept | **yummisun07241T1111** | F.I.T.

AML Measurement Specification Worksheet

FD241	Style	yummisun07241T1111	Description	Style No: 1990 Fitted Pleated Button-front shirt
FD241-102-fall2007	Designer	Rhonda Braun		
Fall 1 2008	Pattern Maker	Monica Barnett	Approved	
	Fabric Content 1	Fabric Content 1	Created	11 Sep 07 10:43 AM
			Modified	17 Dec 07 11:34 AM

Company: Latitude Apparel Division

Product Type: Woven Tops

Sample Size: 8

Size Class: Missy

UOM: Imperial(in)

Shown As: Graded

Selected Range: 4, 6, 8, 10, 12, 14

POM	Description	4	6	[8]	10	12	14						
106A	Front Length HPS- Hip	26 1/2	26 3/4	27	27 1/4	27 5/8	28						
113B	Across Dropped Shoulder	14 1/2	15	15 1/2	16	16 3/4	17 1/2						
115B	Across Back Dropped- 5" HPS	13 1/2	14	14 1/2	15	15 3/4	16 1/2						
118B	Across Chest Dropped- 5" HPS	13	13 1/2	14	14 1/2	15 1/4	16						
142	Sleeve Length CB Neck- L/S	31 1/4	31 5/8	32	32 3/8	32 3/4	33 1/8						
148	Back Neck Drop HPS	1 1/4	1 1/4	1 1/4	1 1/4	1 1/4	1 1/4						
150	Neck Width	6 3/4	6 7/8	7	7 1/8	7 1/4	7 3/8						
155	Collar Band	15 1/2	15 3/4	16	16 1/4	16 5/8	17						
156	Collar Length at Outer Edge	16	16 1/4	16 1/2	16 3/4	17 1/8	17 1/2						
219	Bust/ Chest- 1" Below Armhole-on flat	17 1/2	18 1/2	19 1/2	20 1/2	22	23 1/2						
220	Waist Relaxed	14 3/4	15 3/4	16 3/4	17 3/4	19 1/4	20 3/4						
227	Sweep(circumference)	30	31	32	33	34 1/2	36						
230	Armhole Circumfrence	9	9 1/2	10	10 1/2	11 1/8	11 3/4						
233	Upper Arm	6	6 1/4	6 1/2	6 3/4	7 1/8	7 1/2						
236	Cuff Opening Relaxed- L/S	8 1/2	8 5/8	8 3/4	8 7/8	9 1/8	9 3/8						
302	Collar Height	2 3/4	2 3/4	2 3/4	2 3/4	2 3/4	2 3/4						
305B	Placket Width	2 1/2	2 1/2	2 1/2	2 1/2	2 1/2	2 1/2						
306C	Cuff Height	3	3	3	3	3	3						

Printed: 17 DEC 2007 11:35 AM EST
1_WARPAML.rptWorkSheet1 (W: 5.1.34, PJ: 5.1.34)

Page 4/4

디지털 패션 일러스트레이션

Digital Fashion Illustration

일러스트레이터로 레이스, 스팽글 드레스 그리기

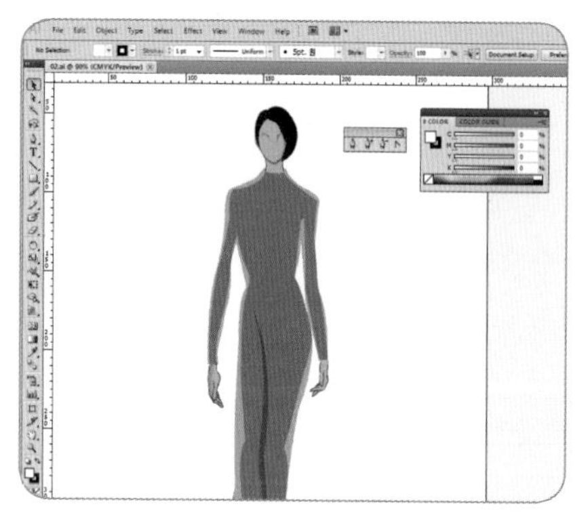

1 10등신 피겨를 펜 툴을 이용하여 닫힌 패스로 그려준다. 위에 드레스를 그려주고 레이스 표현을 위해 투명도를 준다.

2 레이스 원단을 펜 툴로 그린 뒤 패턴으로 저장하여 옷 전체에 채워준다.

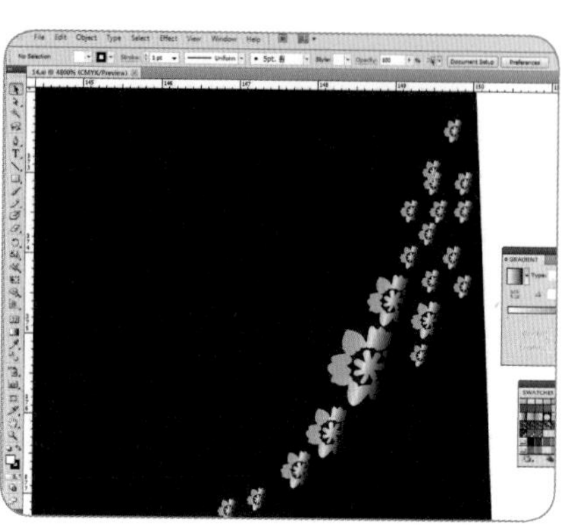

3 펜 툴을 이용하여 꽃무늬를 그린다. 반짝이는 스팽글 효과를 표현하기 위해 그레디언트 팔레트를 이용하여 색을 채운 뒤 패턴으로 사용한다.

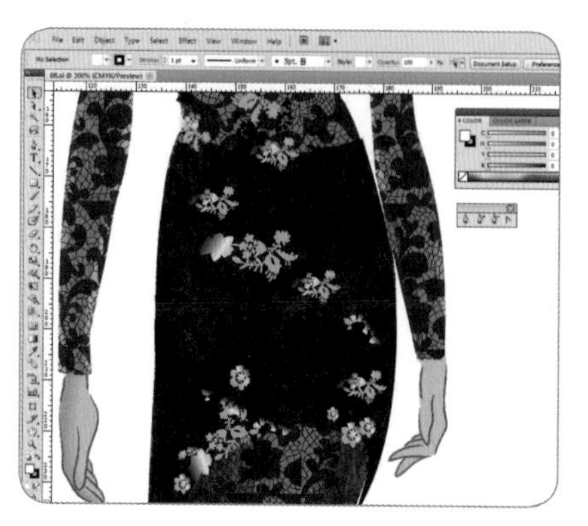

4 그려진 레이스 원단 위에 스팽글의 반짝이는 패턴을 올려 드레스를 완성한다.

5 눈에 브러시, 펜 툴, 그레디언트 툴을 이용하여 눈을 사실적으로 깊이 있게 아이섀도를 표현하고 얼굴의 윤곽을 정리하고 음영을 줘서 입체감이 나도록 한다.

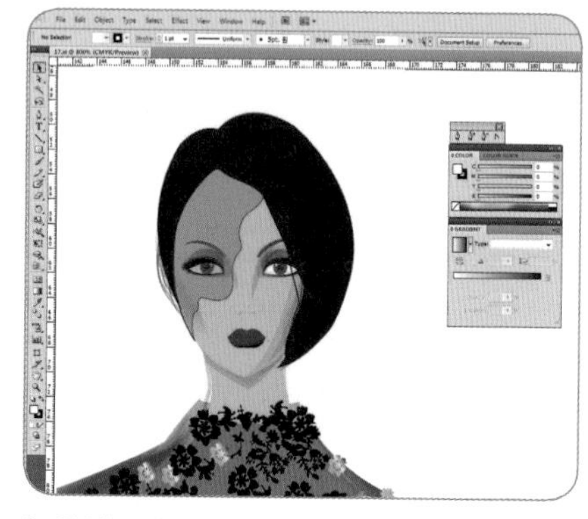

6 헤어는 밑에 바탕색을 입히고 좀 더 세밀한 느낌을 주기 위해 브러시를 이용하여 디테일을 묘사해준다.

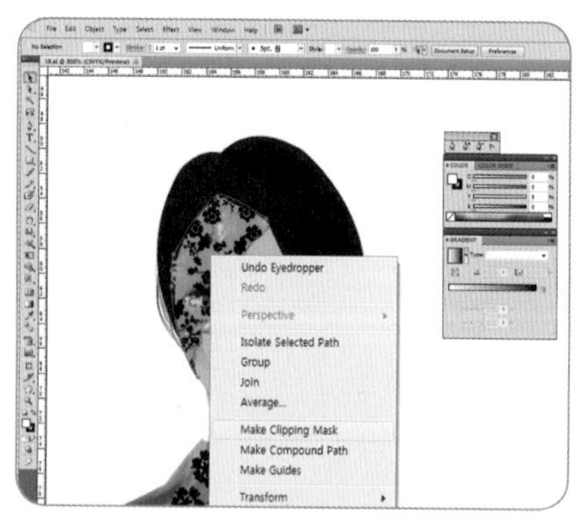

7 색을 입힌 뒤 투명도를 이용하여 망사의 느낌을 표현한다. 그러데이션 효과로 레이스 전면에 색을 채우고 전 단계에 만들어진 패턴을 클리핑 마스크 기능을 이용하여 덧대준다.

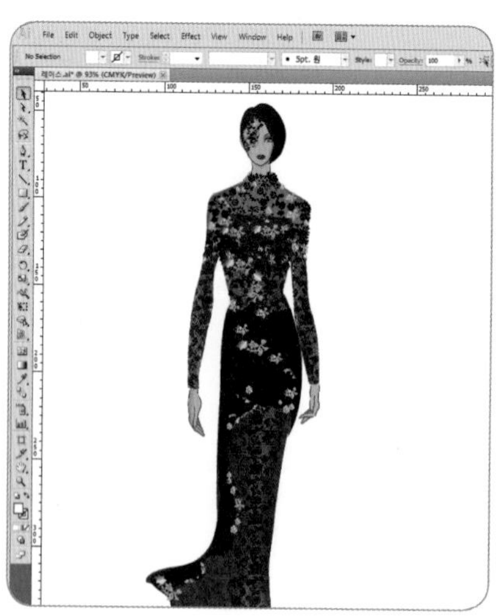

8 드레스를 완성한다.

일러스트레이터로 한복 드레스 그리기 I

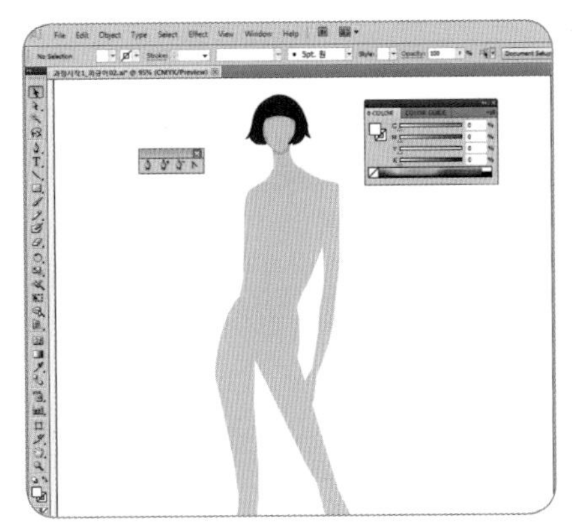

1 10등신 피겨 아웃라인을 펜 툴을 이용하여 닫힌 패스로 그려주고 스킨 컬러를 채운다.

2 펜 툴을 이용하여 피겨에 맞게 의상을 그린 후, 그레디언트 팔레트에서 원하는 색상을 만들어 채운다. 펜 툴을 이용하여 원하는 패브릭 문양을 그리고 패턴으로 사용한다. 저고리의 음영은 그레디언트 툴을 이용하여 색을 채운 뒤, 만들어진 꽃무늬 패턴으로 클리핑 마스크를 설정한다.

3 그레디언트, 펜 툴, 브러시를 이용하여 머리카락의 디테일과 얼굴을 묘사해준다.

4 펜 툴을 이용하여 바구니 윤곽을 그린 후, 그레디언트 툴을 이용하여 색을 채운다. 바구니의 조직은 브러시로 세밀하게 묘사한다. 바구니 속 열매는 그레디언트 툴을 이용하여 입체감이 나도록 표현한다.

5 한복 드레스를 완성한다.

일러스트레이터로 한복 드레스 그리기 II

1 전체 스케치를 펜 툴로 그린 후 색을 채우고 음영을 준다.

2 펜 툴을 이용하여 문양을 만든 후 옷 위에 클리핑 마스크를 씌워 올려준다.

3 그레디언트 툴이나 펜 툴로 눈을 세밀하게 표현한다. 눈동자는 눈꺼풀 안에 들어가도록 클리핑 마스크를 이용한다. 헤어는 브러시를 이용하여 세밀하게 표현한다. 입술과 볼은 입체감이 나도록 음영을 준다.

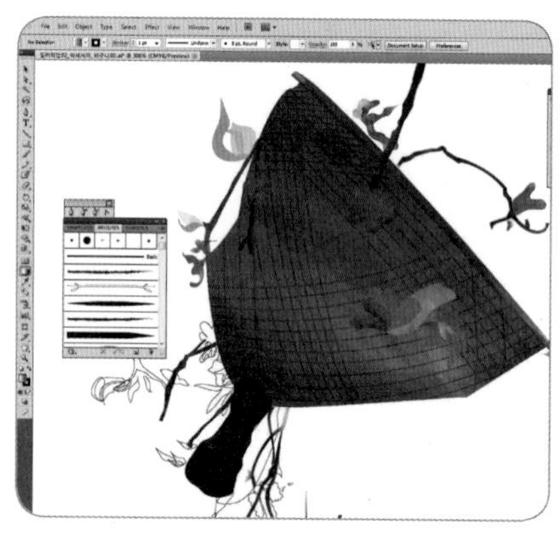

4 브러시와 펜 툴로 디테일을 그려준다. 음영은 투명도를 주면서 레이어가 겹쳐지도록 하여 표현한다.

5 한복 드레스를 완성한다.

포토샵을 이용한 패션 일러스트 완성

1 캔버스 사이즈는 A4로 하고, 해상도는 200dpi 이상으로 설정한다. 브러시의 굵기와 종류를 지정하고 라인을 드로잉한다. 이때 레이아웃 팔레트는 폴더를 만들어 정리한다.

2 브러시로 그림을 그리듯 스킨 컬러를 자연스럽게 채운다. 이때 투명도를 조절하면서 음영을 주도록 한다.

3 패브릭의 체크무늬 표현은 브러시의 다양한 색으로 정교하게 그려주고, 브러시에 투명도를 주어 입체감이 나도록 음영을 표현한다.

4 패브릭의 질감 표현을 위해 텍스처 이미지를 바탕에 레이어로 넣어 오버랩시킨다.

일러스트레이터로 패션 페이스 그리기 1

1 전체 얼굴의 윤곽라인을 펜 툴을 이용하여 그린 후 스킨 컬러를 팔레트에서 선택하여 채워준다. 이때 얼굴의 입체감을 위해 턱 라인에 자연스러운 음영 표현을 해준다.

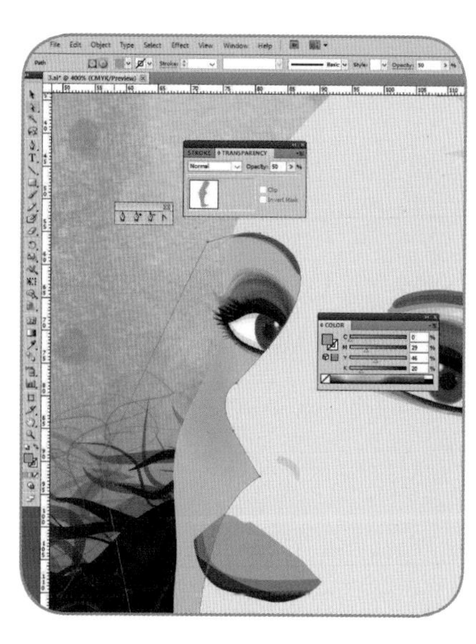

2 얼굴의 어두운 부분은 팔레트에서 색상을 선택한 후 Transparency에서 Opacity를 조절하여 자연스러운 음영을 준다.

3 눈의 윤곽을 잡고 아이섀도 표현은 브러시를 이용하여 여러 겹으로 그리고 색을 채운 뒤 Opacity로 투명도를 조절한다.

4 입술 표현은 펜 툴을 이용해 아웃라인을 그린 후 원하는 색을 채우고 얼굴의 음영 표현과 마찬가지로 입술 입체 표현을 해준다.

5 볼에 사용되는 블러셔는 최대한 투명도를 주어 과하지 않게 표현한다.

6 완성

일러스트레이터로 패션 페이스 그리기 2

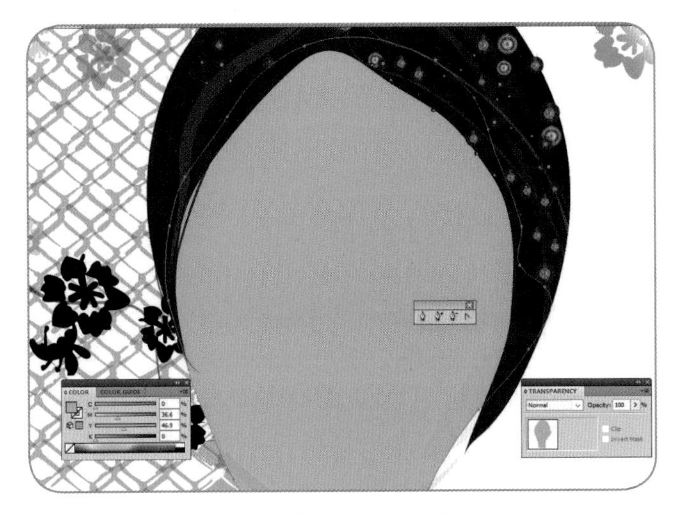

1 펜 툴을 이용하여 얼굴 윤곽라인을 그린다. 이때 아웃라인 컬러는 선택하지 않고 스킨 컬러만 채워주도록 한다.

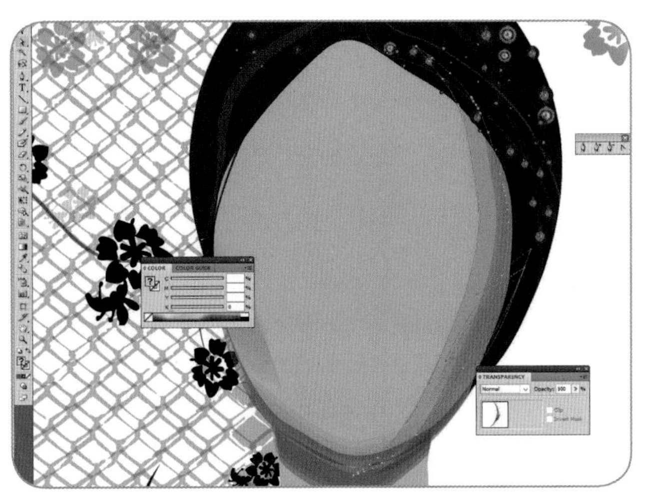

2 얼굴의 윤곽과 턱 부분에 음영을 주기 위해 펜 툴을 이용하여 어두운 부분의 면적을 그린 후 투명도를 주어 입체감이 나도록 한다.

3 브러시, 펜 툴, 그레디언트 툴을 이용하여 눈의 아이섀도 표현을 해준다.

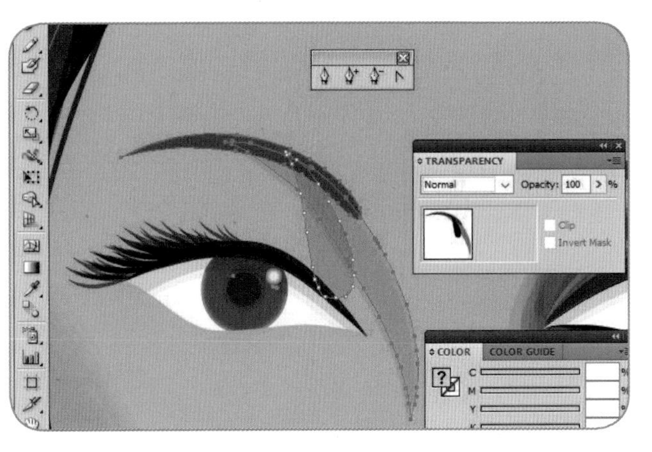

4 눈썹은 펜 툴을 이용하여 자연스러운 모양으로 그려주며, 눈의 음영은 어두운 컬러 선택 후 투명도를 주어 입체감을 표현한다.

5 펜 툴을 이용하여 눈의 모양을 그리고 눈동자는 Elipse Tool을 선택한 후 Shift 키를 눌러 원형으로 그려준다. 눈동자에는 반드시 반짝이는 하이라이트를 남겨주도록 한다.

6 입술은 펜 툴을 이용하여 외곽라인을 그린 후 원하는 색을 채운다.

일러스트레이터로 패션 페이스 그리기 3

다음의 예제 1을 연습해 본다.

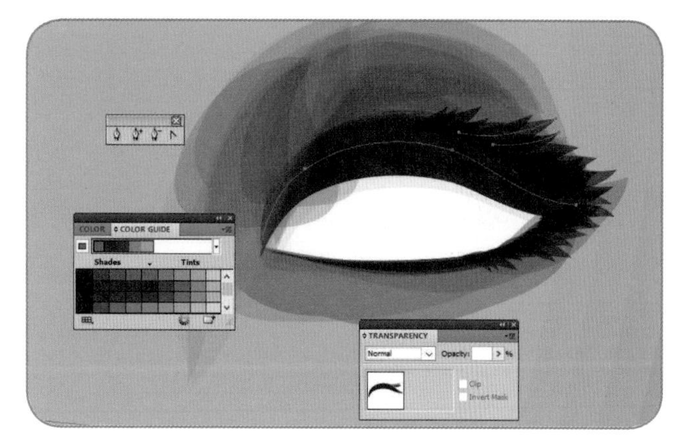

1 브러시를 이용하여 눈의 외곽라인을 그린 후 속눈썹은 브러시를 이용하여 세밀하게 표현한다.

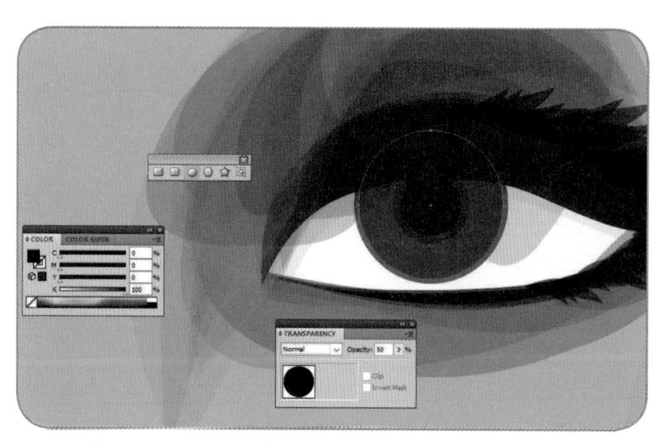

2 눈동자는 눈꺼풀 안에 들어가도록 Ctrl 7 키를 이용하여 클리핑 마스크를 해준다.

3 그레디언트 툴을 이용하여 원하는 눈동자 컬러를 만들어주며 투명도를 사용해 자연스러운 표현을 해준다.

4 아이섀도 펄 표현은 그레디언트 툴에서 Radial을 선택한 후 원하는 컬러로 투명도를 조절해가며 앞 눈꼬리에 자연스럽게 그려준다.

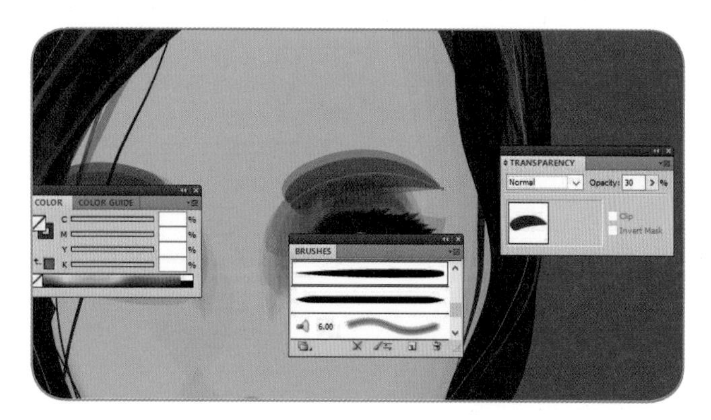

5 눈썹은 브러시를 이용하여 그려주고 최대한 자연스럽게 표현하기 위해 투명도를 30%, 60%로 조절하여 겹쳐서 그려준다.

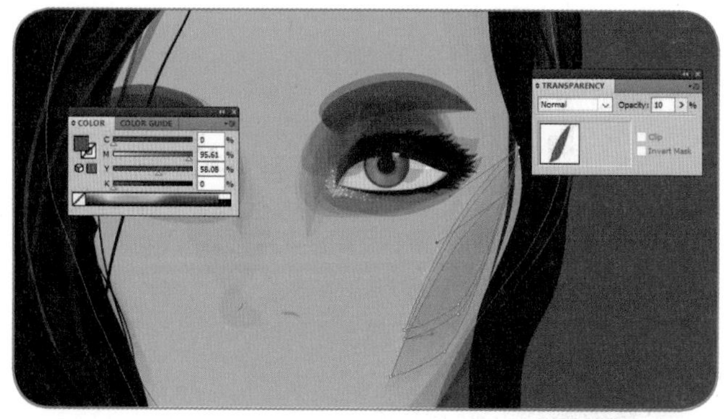

6 볼터치는 브러시를 이용하여 10%의 투명도로 설정하여 여러 겹으로 그려준다.

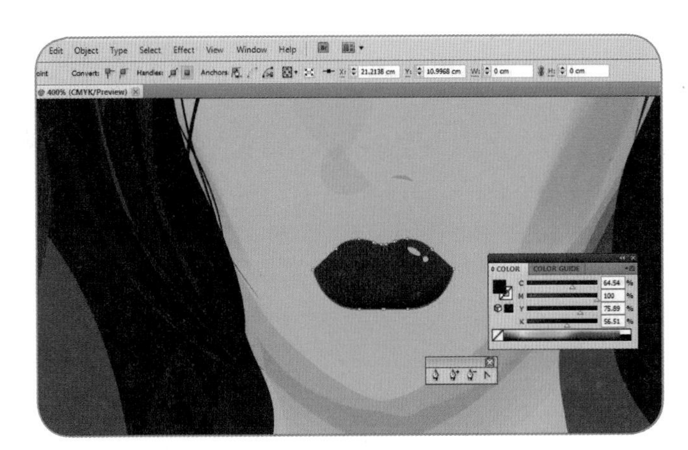

7 입술은 펜 툴을 이용해 입체감이 나도록 그려주며 하이라이트 부분은 반드시 표현해준다.

8 완성

다음의 예제 2를 앞에서 배운 방법을 이용해 그려본다.

헤어 표현하기 1

1 펜 툴을 이용해 헤어의 윤곽라인을 그린 후 색을 채워준다.

2 헤어의 입체 표현을 위해 투명도를 주어 겹치게 그려준다.

3 브러시를 이용해 헤어를 세밀하게 표현해주며 투명도를 주어 음영 표현을 해준다. 이때 브러시 Stroke를 이용해 다양한 헤어 굵기로 그려준다.

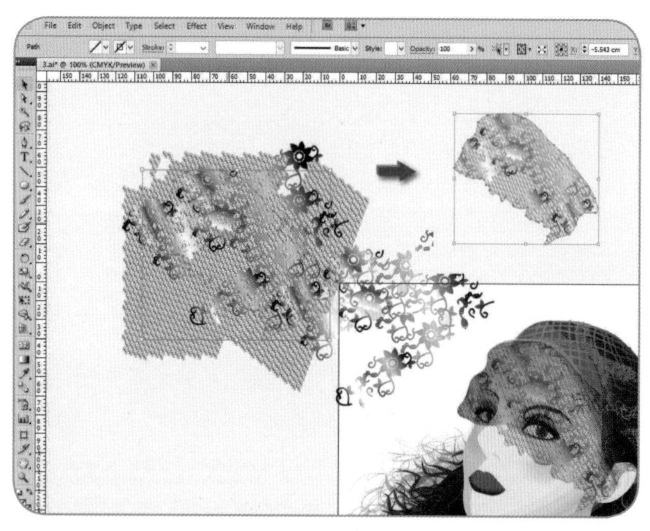

4 헤어 장식 중 망사 표현은 망사에 들어가는 패턴을 그려준 후 전체 크기만큼 아웃라인을 만들어 클리핑 마스크를 해준다.

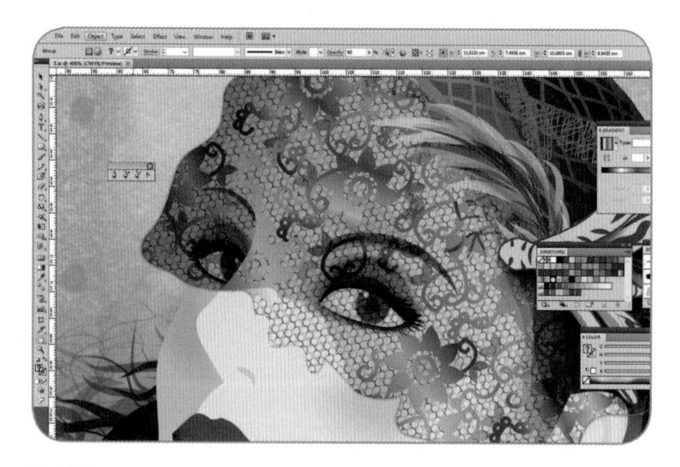

5 완성

헤어 표현하기 2

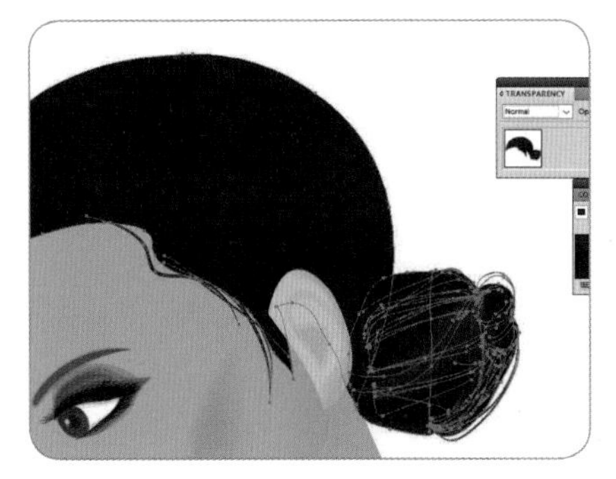

1 헤어의 전체 윤곽라인을 펜 툴을 이용해 그려준다.

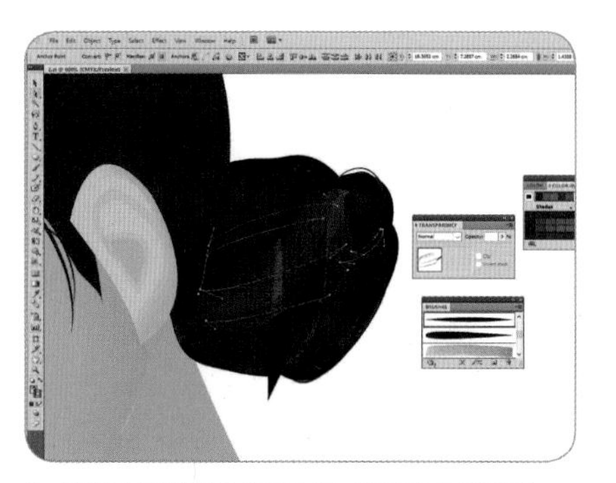

2 헤어의 디테일을 브러시를 이용해 그려준다.

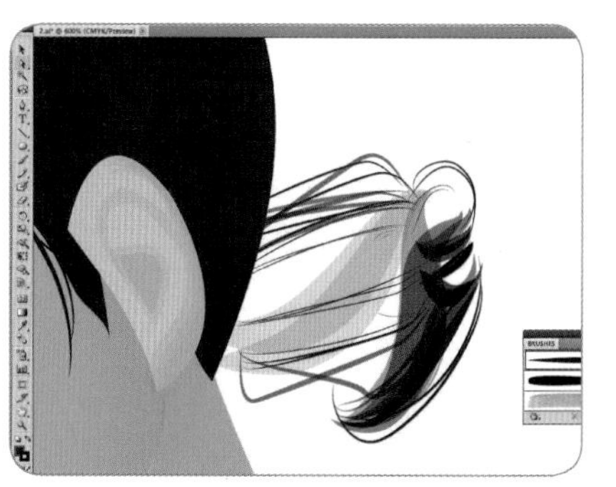

3 디테일을 그릴 때 투명도를 주어 음영을 표현해준다.

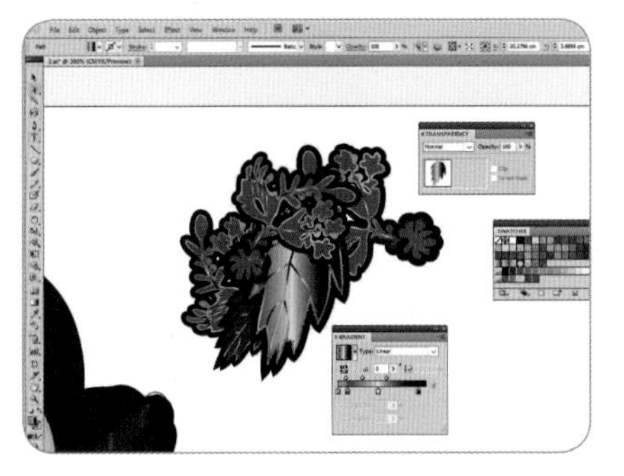

4 그레디언트 툴을 이용해 헤어 장식에 색을 채워준다.

5 헤어 장식에 들어가는 망사를 그린 후 장식 위에 올려준다.

6 망사가 패턴 안으로 들어가도록 클리핑 마스크(Ctrl 7)를 해준다.

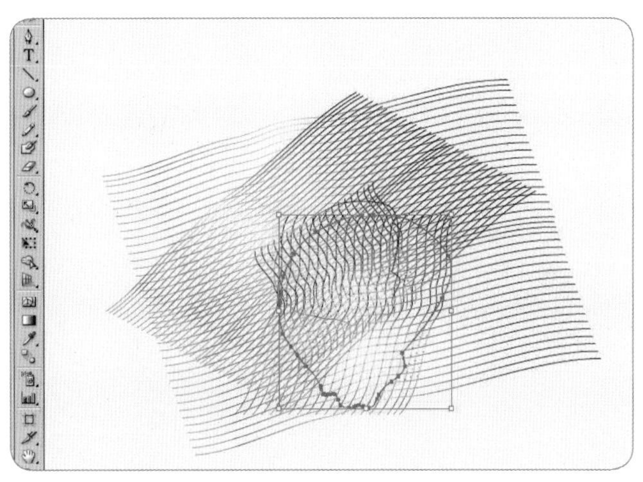

7 헤어 전체에 들어가는 그물 망사는 망사의 크기와 넓이에 맞게 펜 툴을 이용해 그린 후 반복 배열한다.

8 망사 위에 클리핑 마스크를 씌워 헤어 장식을 완성한다.

헤어 표현하기 3

다음의 예제를 연습해보세요.

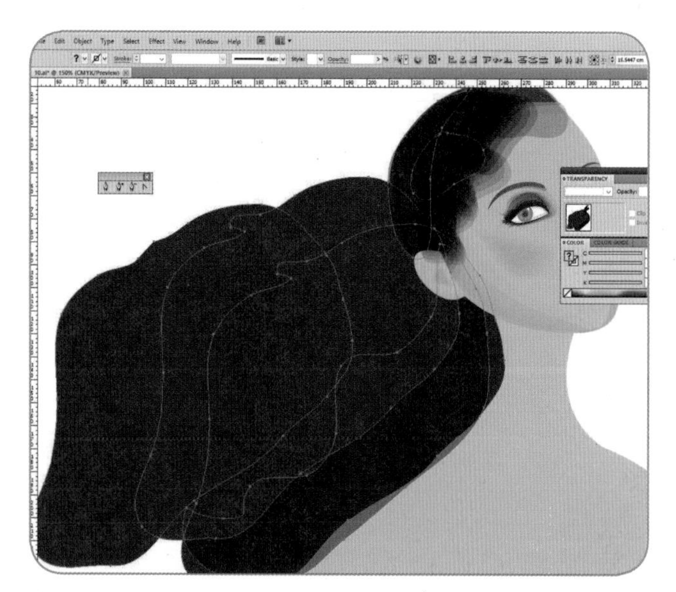

1 전체 헤어라인을 펜 툴을 이용해 그려주며 음영은 투명도를 주면서 레이어가 겹치도록 표현해준다.

2 헤어라인과 페이스가 만나는 부분은 자연스러운 입체감과 음영을 주기 위해 투명도를 주면서 레이어드 한다.

3 헤어 디테일은 브러시를 이용해 다양한 컬러와 굵기로 그린 후 투명도를 조절하면서 자연스럽게 표현해준다.

패션 피겨 그리기

1 10등신의 패션 피겨 아웃라인을 펜 툴을 이용해 그린 후 스킨 컬러를 채워준다.

2 스킨은 펜 툴을 이용해 음영을 그려주며 자연스럽게 투명도를 조절해 표현해준다.

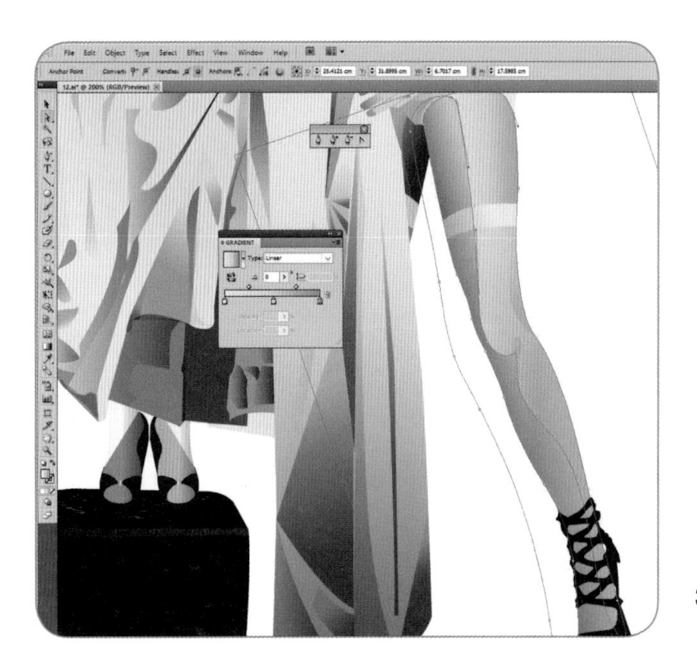

3 피겨의 스킨은 같은 방향에 모두 자연스러운 음영을 준다.

레이스, 깃털, 시폰소재 표현하기

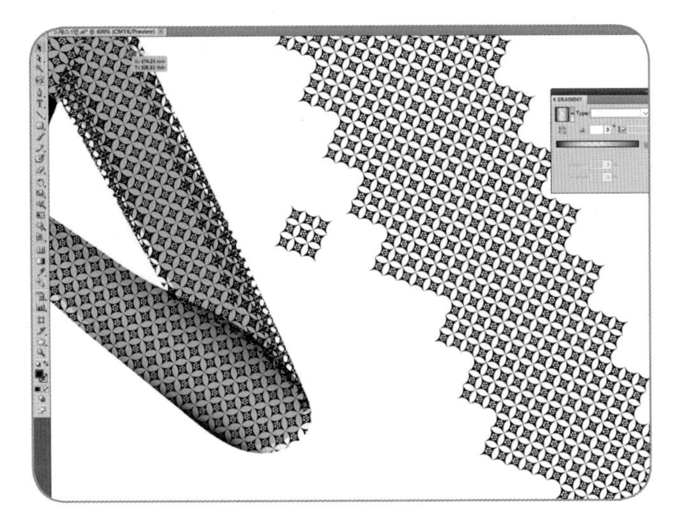

1 원하는 레이스 원단 모티프를 펜 툴로 그려준다.

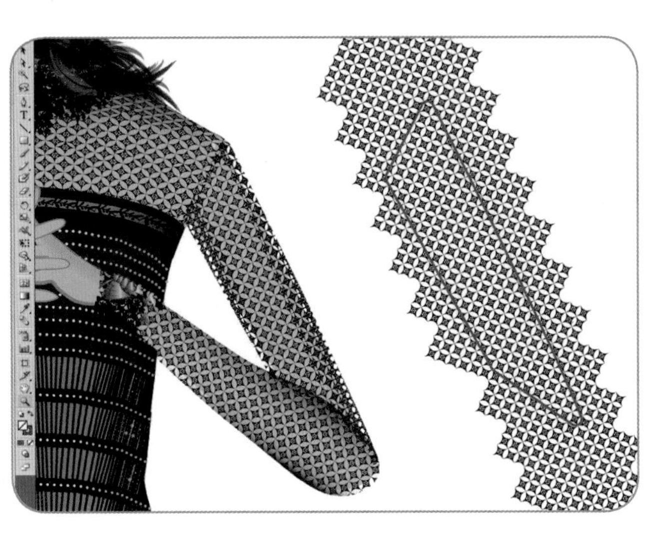

2 소매 모양으로 아웃라인을 그려서 원단 위에 배치한다.

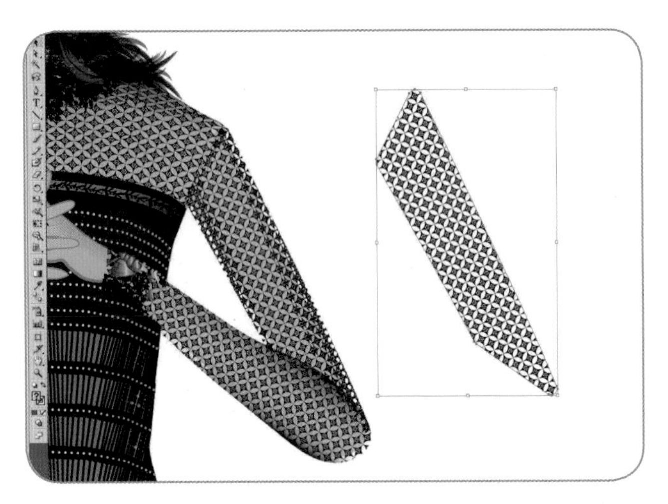

3 클리핑 마스크(Ctrl 7)를 적용하여 소매 안에 패턴을 채워준다.

4 브러시를 이용하여 자연스러운 모양의 깃털을 그려주고 투명도를 조절하여 음영을 표현한다.

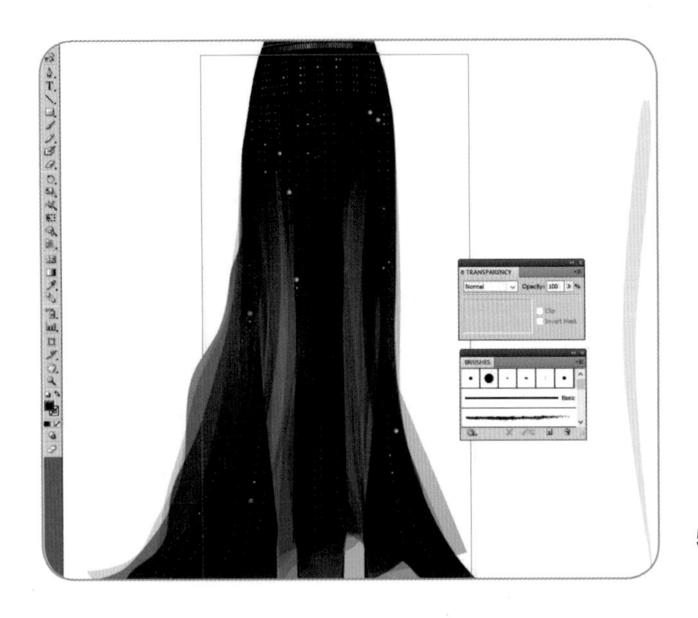

5 브러시나 펜 툴을 이용하여 스커트 윤곽라인을 그려주고 스킨 컬러가 비치도록 투명도를 준다.

망사 표현하기

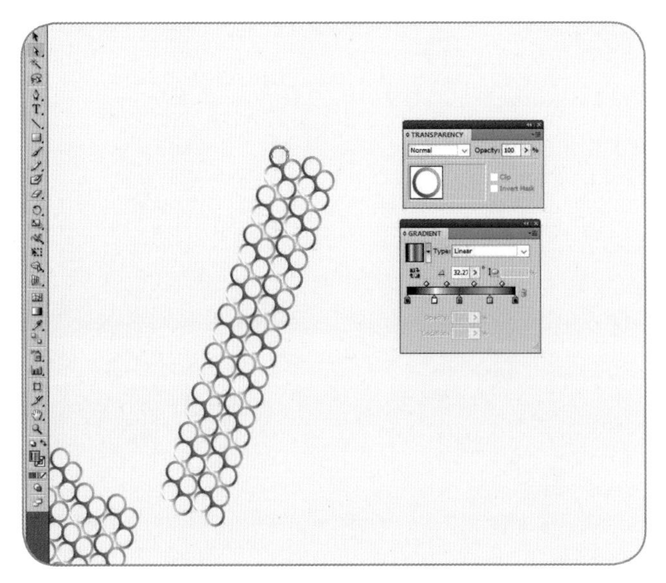

1 모양 툴을 이용해 원하는 망사의 형태를 그려주고 그레디언트 툴을 이용해 색을 채워준다.

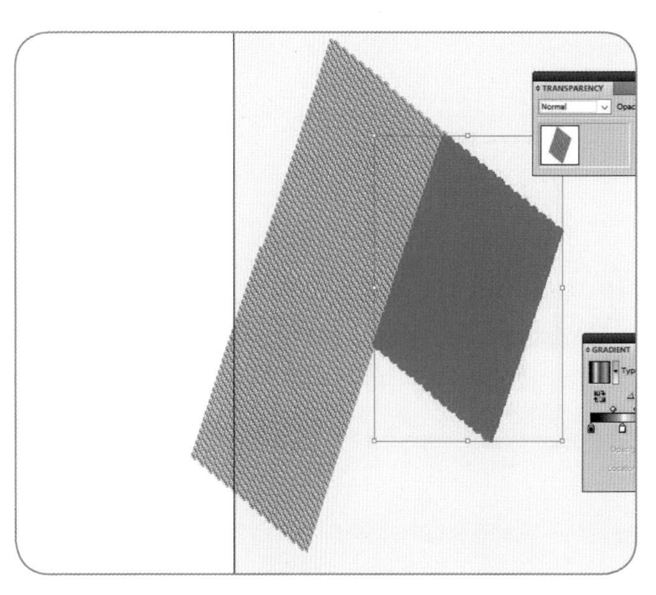

2 망사의 형태를 의상의 사이즈에 맞게 Copy하여 반복 배열한다.

3 원하는 의상의 외곽라인을 그린 후 클리핑 마스크를 해준다.

4 완성

패브릭 표현 응용 예제 1

다음의 예제를 연습해보세요.

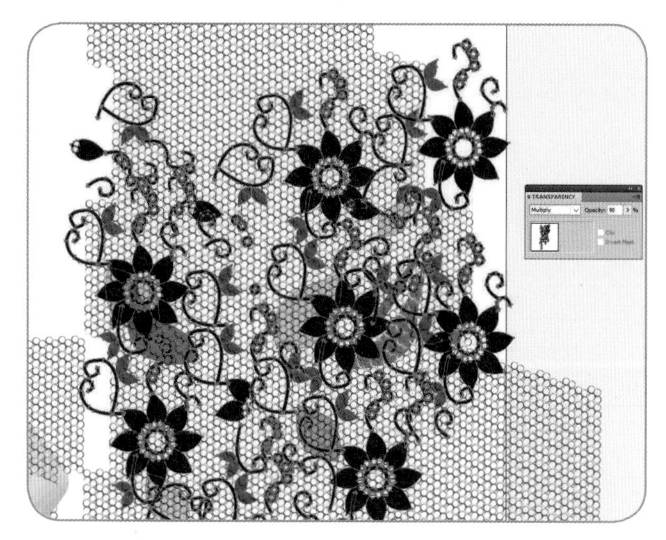

1 레이스에 들어가는 패턴 모티프를 펜 툴을 이용하여 그려주고 색을 채운 뒤 투명도를 주어 자연스럽게 표현한다.

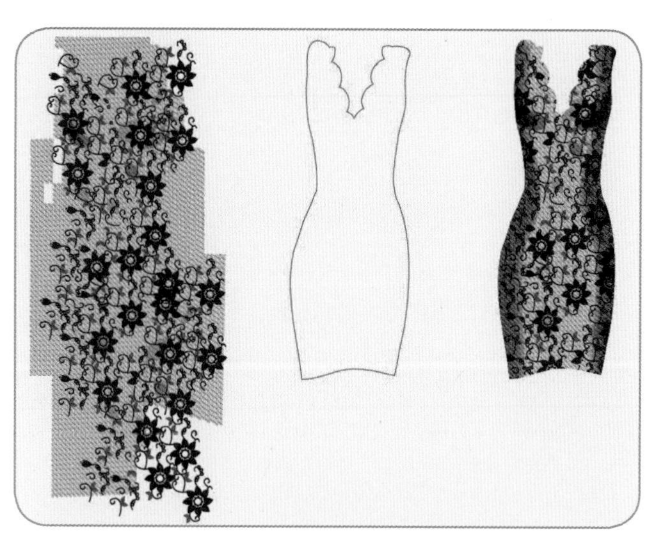

2 가먼트를 피겨에 맞게 펜 툴을 이용해 그린 후 레이스 패턴 위에 올려 클리핑 마스크를 해준다.

3 투명도를 주어 명암 표현을 해준다.

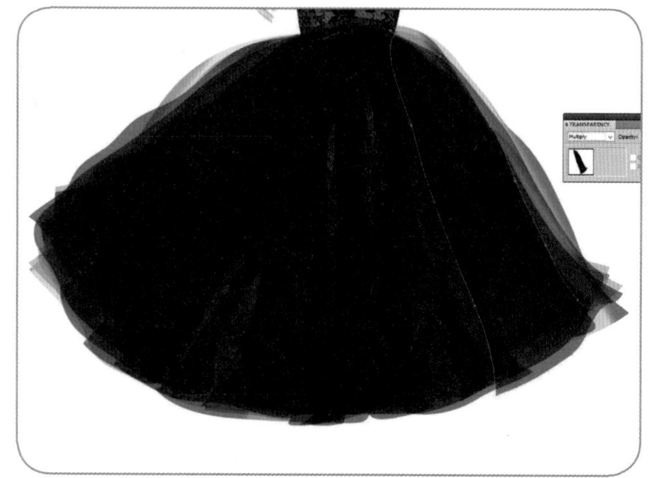

4 시폰이나 비치는 소재는 색을 입힌 뒤 투명도를 주어 표현한다.

패브릭 표현 응용 예제 2

다음의 예제를 연습해보세요.

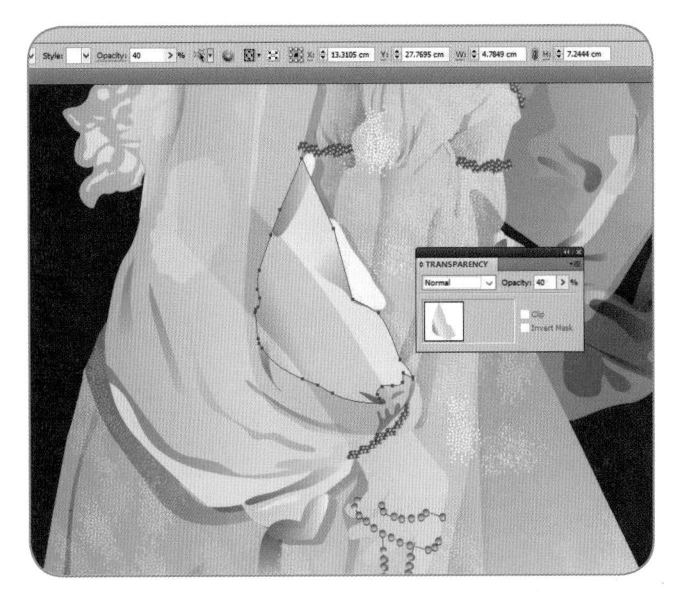

1 비치는 시폰 소재는 스킨 위에 드레스를 그려 색을 채운 후 투명도를 주어 표현한다. 이때 색을 채우는 데 있어서 명암을 고려하여 자연스러운 그러데이션 효과를 사용한다.

2 베일의 형태를 그려주고 그러데이션으로 자연스럽게 색을 채운 뒤 투명도를 준다. 베일이 겹쳐지는 느낌도 투명도를 주어 표현한다.

3 비즈는 원형 툴을 이용하여 그려준다. 반짝이는 비즈 효과를 위해 그레디언트 팔레트를 이용해 색을 채우고 패턴으로 사용한다.

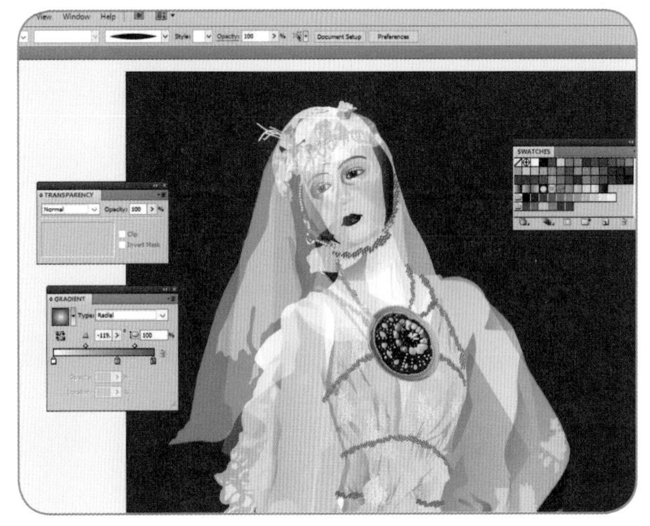

4 드레스를 완성한다.

일러스트레이션 작품

Illustration Work

Misun Yum(2014).
Pop Art. Adobe Illustrator

Misun Yum(2015). 2015 Collection. Adobe Illustrator

Misun Yum(2014). Romantic Chaos. Adobe Illustrator CS6

Misun Yum(2015). 2015 Collection. Adobe Illustrator

Misun Yum(2015). Hanbok Story Ⅱ. Mixed Media

Misun Yum(2015). Hanbok Story Ⅲ. Mixed Media

Misun Yum(2015). Optical Art. Adobe Illustrator

Misun Yum(2014). Like a Doll Ⅰ. Adobe Photoshop and Hand Drawing

Misun Yum(2015). Like a Doll Ⅱ. Mixed Media

Misun Yum(2014). Minhwa Story. Mixed Media

Misun Yum(2015). Sugar. Adobe Photoshop and Illustrator

학생 작품(2008). Water Color

학생 작품(2008). Mixed Media

학생 작품(2008). Mixed Media

학생 작품(2008). Pastel

학생 작품(2008). Water Color

학생 작품(2008). Colored Pencil

학생 작품(2008). Water Color

학생 작품(2008). Mixed Media

참 고 문 헌

REFERENCE

Anna Kiper(2011). *Fashion Illustration.* A David & Charles Book.

Bethan Morris(2006). *Fashion Illustrator.* Laurence King Publishing Ltd.

Naoki Watanabe(2009). *Contemporary Fashion Illustration Techniques.* Graphic-sha Publishing Co., Ltd.

Steven Stipelman(2005). *Illustrating Fashion.* Fairchild Publications, Inc.

Yeanmunhee(2005). *Fashion Illustration for Artist.* Kyohakyoungusa.

Zeshu Takamura(2007). *Fashion Illustration Techniques.* Graphic-sha Publishing Co., Ltd.

염미선 Misun Yum

이화여자대학교 조형예술대학 장식미술과 패션디자인 전공 졸업(학사, 석사)
Fashion Institute of Technology·State University of New York 패션디자인 전공 졸업
연세대학교 생활과학대학 생활디자인과 패션디자인 전공 졸업(박사)

Wicked Fashions, Inc in USA 디자이너
러시아 Pacific Style Week 초대 디자이너
International Fashion Contest in Russia 심사위원
해외 다수의 개인전 및 단체전 참여

현재
성신여자대학교 의류산업학과 교수
국내외 패션 디자이너로 활동
한국패션일러스트레이션 협회 이사

2판

패션 일러스트레이션

창의적인 패션 디자인을 위한 테크닉과 콘셉트

초판 발행 2015년 9월 12일
2판 발행 2022년 8월 26일

지은이 염미선
펴낸이 류원식
펴낸곳 교문사

편집팀장 김경수 | **책임진행** 안영선 | **디자인** 신나리 | **본문편집** 우은영

주소 10881, 경기도 파주시 문발로 116
대표전화 031-955-6111 | **팩스** 031-955-0955
홈페이지 www.gyomoon.com | **이메일** genie@gyomoon.com
등록번호 1968.10.28. 제406-2006-000035호

ISBN 978-89-363-2377-6(93590)
정가 23,000원